PETITE

ENCYCLOPÉDIE POPULAIRE

DES SCIENCES

ET DE LEURS APPLICATIONS

————

LE SON

PETITE ENCYCLOPÉDIE POPULAIRE

DES SCIENCES ET DE LEURS APPLICATIONS

Par Amédée GUILLEMIN

EN VENTE :

La Lune. — *Description physique, volcans et montagnes, météorologie.*
Un vol. in-16, illustré de 2 grandes planches et de 46 vignettes.
6e édition.. 1 fr. 25

Le Soleil. — *Sa lumière et sa chaleur, ses taches, sa constitution physique et chimique, son rôle dans le monde solaire et dans le monde sidéral.* Un vol. in-16, illustré de 58 vignettes. 5e édition. 1 fr. 25

La Lumière et les Couleurs. — Un vol. in-16, illustré de 71 vignettes.
2e édition.. 1 fr. 25

Le Son, *notions d'acoustique physique, physiologique et musicale.* 1 vol. in-16, illustré de 70 vignettes. 3e édition................ 1 fr. 25

Les Étoiles, *notions d'astronomie sidérale.* 1 vol. in-16, illustré de 63 vignettes, d'une carte céleste et d'une planche coloriée. 2e éd. 1 fr. 25

Les Nébuleuses, *notions d'astronomie sidérale.* 1 vol. in-16, illustré de 66 vignettes.:..................................... 1 fr. 25

EN PRÉPARATION :

L'Électricité.   **La Pesanteur.**
Les Comètes.   **Les Étoiles filantes.**

OUVRAGES DU MÊME AUTEUR, PUBLIÉS PAR LA MÊME LIBRAIRIE

Le Ciel. — *Notions d'astronomie à l'usage des gens du monde.* — 5e édition, entièrement refondue et considérablement augmentée, illustrée de 62 grandes planches dont 22 tirées en couleur et de 361 vignettes insérées dans le texte. 1 magnifique vol. grand in-8 jésus..... 30 fr.

Le Monde physique 4 volumes grand in-8 jésus.
Tome I. *La Pesanteur, la Gravitation universelle.* — *Le Son,* contenant 3 planches en couleur, 23 planches en noir et 445 figures insérées dans le texte. 1 vol.   25 fr.
Tome II. *La Lumière,* contenant 3 planches en couleur et environ 250 figures insérées dans le texte. 1 vol.   20 fr.
Tome III. *L'Électricité, le Magnétisme.*   » »
Tome IV. *La Chaleur, la Météorologie et la Physique moléculaire.*
1 vol.   » »

Les Comètes. — 1 magnifique volume grand in-8 jésus, illustré de 78 vignettes et de 11 grandes planches en couleur............. 10 fr.

Les Chemins de fer. — *Tracé, construction, mécanisme, matériel et exploitation.* — 6e édition, illustrée de 135 vignettes. 1 vol. in-16.. 2 fr. 25

La Vapeur. — *Théorie et applications; les machines à vapeur dans l'industrie manufacturière, la navigation, les chemins de fer, etc.* 1 volume in-16 illustré de 123 vignettes. 2e édition.............. 2 fr. 25

Éléments de Cosmographie. — 4e édition, conforme aux programmes de l'enseignement secondaire spécial. 1 vol. in-16, illustré de 2 planches et de 164 vignettes................................... 3 fr. 50

Coulommiers. — Imp. Paul BRODARD

PETITE ENCYCLOPÉDIE POPULAIRE
PAR AMÉDÉE GUILLEMIN

LE SON

NOTIONS D'ACOUSTIQUE PHYSIQUE ET MUSICALE

OUVRAGE

ILLUSTRÉ DE 70 FIGURES

GRAVÉES SUR BOIS

TROISIÈME ÉDITION

PARIS

LIBRAIRIE HACHETTE ET Cie

79, BOULEVARD SAINT-GERMAIN, 79

1882

PETITE ENCYCLOPÉDIE POPULAIRE
PAR AMÉDÉE GUILLEMIN

PETITE

ENCYCLOPÉDIE POPULAIRE

DES SCIENCES

ET DE LEURS APPLICATIONS

Il n'est d'esprit un peu actif, d'intelligence un peu vive, d'imagination un peu enthousiaste, qui ne s'éprenne d'un sentiment de curiosité et d'admiration devant les phénomènes de la nature. Quelle variété, quelle harmonie dans ce grand tout qui constitue l'Univers, et qui n'est pas moins majestueux si on le contemple dans son ensemble, si l'on voyage par la pensée dans les profondeurs infinies du Ciel, que merveilleusement étrange, si on l'étudie dans les plus minutieux détails de la structure des corps qui le composent.

La science nous apprend que la Terre est un astre, une planète, que nous verrions briller si nous étions au loin dans l'espace, comme nous voyons la nuit briller Jupiter ou Vénus; qu'elle se meut avec une rapidité incroyable autour de son axe et autour du Soleil, qu'elle suit dans son mouvement les mêmes lois que celles auxquelles les autres planètes sont assujetties. Quelles sont donc ces lois, et comment de leur régulière périodicité résultent les phénomènes des jours et des nuits, ceux des saisons et des années? L'Astronomie

nous dit encore que le Soleil est une masse probablement gazeuse, à l'état d'incandescence, dont la surface
est sans cesse sillonnée et troublée par des ouragans
gigantesques, par des trombes de feu, des pluies d'hydrogène enflammé; que c'est un globe énorme tournant
sur lui-même en vingt-cinq jours et entraînant la Terre
avec lui dans un immense voyage autour de quelque
étoile inconnue. En présence de ces assertions qui nous
semblent au moins extraordinaires, quand nous les entendons émettre pour la première fois, notre curiosité,
notre désir de savoir s'aiguillonne. Nous voudrions
bien alors nous rendre compte du comment et du
pourquoi de ces phénomènes, mettre l'œil aux grands
télescopes qui ont dévoilé toutes ces merveilles; nous
voudrions examiner la structure des planètes, vérifier
si ce sont bien des terres plus ou moins analogues à la
nôtre; sans aller si loin, nous serions curieux de visiter la Lune, ses volcans, ses grandes plaines arides,
ses mers desséchées.

La même invincible curiosité nous attire, si l'on nous
parle des étoiles, ces soleils de toutes couleurs; des
nébuleuses, ces associations de milliers de soleils, ces
foyers gazeux où les mondes prennent naissance; et
enfin des comètes, ces nébuleuses errantes dont quelques-unes sont venues se prendre au Soleil comme des
mouches tournoyant, le soir, à la lumière d'une bougie.

Que de notions intéressantes en effet ne peut-on pas
acquérir en consultant la plus ancienne de toutes les
sciences, l'astronomie! Mais l'astronomie ne peut tout
dire, si elle ne fait appel elle-même aux autres sciences,
à la physique surtout, à ses applications fécondes.

D'autre part, sans la physique, que pourrions-nous
savoir des lois et des causes de tous les phénomènes
terrestres, des mouvements de l'atmosphère et des mers,
des vents, des marées? Comment expliquerions-nous les
météores lumineux, l'arc-en-ciel, les halos, le mirage,
sans la connaissance positive des lois de l'optique, sans
savoir comment se propage la lumière, comment en
pénétrant dans les différents milieux elle donne naissance aux mille nuances des tons et des couleurs? C'est
l'étude des lois de la chaleur qui nous montre com-

ment cet agent bienfaisant, aussi indispensable à la vie que la lumière, se répartit à la surface de la Terre, et par ses inégales variations donne lieu aux climats. C'est l'étude de l'électricité et du magnétisme qui nous permet d'expliquer les phénomènes grandioses de la foudre, des éclairs et du tonnerre, ceux des aurores boréales. C'est enfin, par les lois de la pesanteur que nous pouvons nous rendre compte des mouvements mêmes des corps célestes, et, sur la Terre, d'une foule de faits qui nous sont familiers, mais dont parfois nous sommes embarrassés de dire la cause : les mouvements et l'équilibre des liquides et des gaz, l'ascension des corps légers, les variations du baromètre qui oscille selon la plus ou moins grande pression de notre enveloppe aérienne.

Si maintenant, de l'étude des phénomènes naturels, on passe à celle des œuvres de l'homme, on s'aperçoit qu'elles sont presque toutes, qu'elles sont toutes autant d'applications des sciences. La télégraphie électrique, la vapeur, les machines hydrauliques, les ballons, la photographie, les instruments d'acoustique et d'optique, la boussole et mille autres inventions qui ont donné à la civilisation moderne son caractère si original et si varié, toutes ces merveilles de l'industrie et des arts sont tirées de la connaissance des lois de la physique, comme le fruit est venu de la fleur, comme cette fleur et la plante qui la porte sont sorties de la graine.

Les phénomènes naturels que nous venons de rappeler sommairement, les lois qui les régissent, forment la matière des deux sciences connues sous les noms de physique et d'astronomie. Ce sont ces phénomènes et ces lois, ce sont leurs applications à l'Industrie, aux Arts, aux autres sciences, que nous nous proposons de décrire et d'exposer dans une série de monographies dont le présent ouvrage fait partie.

Bien loin, comme on voit, d'aborder toutes les sciences, puisque nous laissons en dehors de notre programme, toutes celles qui ont pour objet les êtres doués de vie, nous embrasserons encore ainsi un ensemble assez vaste et assez bien lié pour justifier le titre général que nous donnons à cette série d'ouvrages, de *Petite Encyclo-*

pédie populaire des sciences et de leurs applications.

Six volumes de cette encyclopédie sont aujourd'hui publiés : Le soleil, La lune, La lumière, Le son, Les étoiles et Les nébuleuses. Ils seront suivis prochainement, et d'une façon ininterrompue, d'ouvrages conçus dans le même esprit, consacrés à divers sujets d'astronomie ou de physique, parmi lesquels nous pouvons annoncer dès maintenant L'électricité, Le magnétisme, La pesanteur, Les comètes, Les étoiles filantes.

Dans chacune de ces monographies, nous nous efforcerons d'atteindre deux buts qu'on a tort quelquefois de croire opposés : le premier, c'est d'être élémentaire et clair dans l'exposé des vérités scientifiques et dans la description des phénomènes; tâche rendue plus facile, à la vérité, par la faculté d'illustrer le texte par des figures; le second, c'est d'être aussi complet que possible, autant du moins qu'il est permis de l'être, quand on s'interdit les démonstrations mathématiques et l'emploi des formules. Nous croyons ainsi pouvoir être utile à deux classes de lecteurs, à ceux qui ne sont point encore initiés aux connaissances scientifiques, comme à ceux qui, ayant appris et étudié autrefois, ont besoin de revoir l'objet de leurs anciennes études, et aussi de se tenir au courant des nouveaux travaux et des nouvelles découvertes.

Amédée Guillemin.

Orsay, décembre 1879.

LE SON

CHAPITRE PREMIER

PRODUCTION ET PROPAGATION DU SON

§ 1. — Les phénomènes du son dans la nature.

L'absence de tout son, de tout bruit, en un mot le silence absolu, est pour nous synonyme d'immobilité et de mort. Nous sommes tellement habitués à entendre, ne fût-ce que le bruit que nous faisons nous-mêmes, que nous avons peine à concevoir l'idée d'un monde complétement silencieux et muet, comme paraît être la Lune, si l'on en croit les données de l'Astronomie.

Sur la Terre, les phénomènes du son se manifestent à tous les instants de la durée. Certes, il y a sous ce rapport une grande différence entre nos grandes cités, les mille bruits dont les oreilles y sont perpétuellement assourdies, et le murmure doux et confus qu'on entend dans les plaines. Quel contraste aussi entre le calme des régions alpestres et des régions polaires où toute vie disparaît, et les rives retentissantes de l'Océan! Là, le silence n'est rompu que par le roulement sourd des avalanches, le craquement des glaces, ou encore par le mugissement du vent dans les rafales. Le grondement du tonnerre, si prolongé dans les plaines, n'existe pas sur les hautes montagnes : au lieu de cette détonation terrible qui d'ordinaire caractérise les coups de foudre et dont la répercussion multiplie la durée, c'est un coup sec, pareil à l'explosion d'une arme à feu. Sur les bords de la mer, au contraire, l'oreille est assourdie par le bruit continu des lames qui déferlent ou se brisent sur les rochers, et par ce grondement sourd, uniforme, qui accompagne comme une basse solennelle les notes plus aiguës que produisent les vagues, en frappant le sable et les galets.

Dans les tempêtes, ce grondement monotone devient une effroyable discordance. Écoutez Michelet, décrivant la grande tourmente d'octobre 1859, à l'entrée de la Gironde :

« ... Cinq jours et cinq nuits, sans trêve, sans augmentation ni diminution dans l'horrible. Point de tonnerre, point de combats de nuages, point de déchirement de la mer. Du premier coup une grande tente grise ferma l'horizon en tous sens; on se trouva enseveli dans ce linceuil d'un morne gris de cendres, qui n'ôtait pas toute lumière, et laissait découvrir une mer de plomb et de plâtre, odieuse et désolante de monotonie furieuse. Elle ne savait qu'une note. C'était toujours le hurlement d'une grande chaudière qui bout. Aucune poésie de terreur n'eût agi comme cette prose. Toujours, toujours le même son : *Heu! heu! heu!* ou : *Uh! uh! uh!*

« ... Ce grand hurlement n'avait de variante que les voix bizarres, fantasques, du vent acharné sur nous. Cette maison lui faisait obstacle ; elle était pour lui un but qu'il assaillait de cent manières. C'était parfois le coup brusque d'un maître qui frappe à la porte ; des secousses, comme d'une main forte pour arracher le volet ; c'étaient des plaintes aiguës par la cheminée, des désolations de ne pas entrer, des menaces si l'on n'ouvrait pas, enfin, des emportements,. d'effrayantes tentatives d'enlever le toit. Tous ces bruits étaient couverts pourtant par le grand. *Heu ! heu !* tant celui-ci était immense, puissant, épouvantable ! » (*La Mer.*)

Au milieu des champs, dans les forêts, la sensation est tout autre. On entend un bruissement vague formé par la réunion de mille sons d'une diversité infinie : c'est l'herbe qui frissonne sous le vent, les insectes qui volent ou rampent, les oiseaux dont les voix se perdent dans l'air, ce sont les branches des arbres qui se froissent sous l'action de la brise légère ou se courbent et se cassent sous l'impulsion des vents violents. De tout cela résulte une harmonie, tantôt gaie, tantôt grave[1], terrible quelquefois, bien différente du tapage assourdissant qui remplit les rues populeuses des grandes villes. Les cours d'eau, rivières, ruisseaux et torrents joignent leurs notes à ce concert ; dans les terrains accidentés, c'est le bruit des cascades qui se précipitent sur

---

1. Un savant belge, M. Candèze, décrivant les luttes que les fauves engagent, aussitôt le soleil couché, lorsqu'elles se mettent en quête de leur proie, parle du « bruit soudain, terrible, indéfinissable qui, dans les régions équatoriales, éclate tout à coup dans la profondeur des forêts. »

les rocs, et parfois le grondement terrible des éboulements qui détruisent et ensevelissent tout sur leur passage.

Mais de tous les bruits naturels, les plus continus et les plus violents sont ceux qui naissent et se propagent au sein de l'atmosphère : les masses gazeuses entraînées par un mouvement irrésistible que de simples différences de température et de densité suffisent à faire naître, heurtent dans leur mouvement tous les obstacles que leur opposent les accidents du sol, montagnes, rochers, forêts, arbres isolés, et tantôt sifflent, tantôt grondent avec fureur. Quand l'électricité s'en mêle, c'est bien pis encore : alors les détonations effrayantes de la foudre font taire tous les autres bruits. Seules, les explosions des volcans et les tremblements de terre rivalisent de puissance avec cette grande voix de la nature. Lors de la catastrophe qui détruisit Riobamba en février 1797, une immense détonation se fit entendre au-dessous des deux villes de Quito et d'Ibarra; mais, circonstance singulière, elle ne fut point entendue sur le lieu même du désastre. Le soulèvement du Jorullo, en 1759, fut précédé de grondements souterrains, qui durèrent deux mois entiers. (*Humboldt.*)

Pour achever ce tableau des sons qui se produisent naturellement sur le sol et dans l'atmosphère, il nous reste à mentionner les détonations qui accompagnent la chute des météores cosmiques, aérolithes et bolides. C'est le plus souvent à de grandes hauteurs que ces explosions se font entendre, et des personnes qui en ont été témoins les comparent soit à des décharges d'artillerie, soit au bruit de voitures pesamment chargées, dont les roues se heurtent aux inégalités du pavé, soit au roulement prolongé du tonnerre.

Mais les phénomènes du son qui nous intéressent le plus sont ceux que l'homme et les animaux produisent à l'aide d'organes spéciaux : la voix humaine, truchement indispensable de nos pensées, de nos sentiments; les cris, les chants des animaux qui traduisent d'une façon plus grossière les impressions variées qu'ils ressentent, leurs besoins, leurs joies, leurs douleurs. Un art, le plus puissant de tous, la musique, a été créé par l'homme pour exprimer ce que le langage articulé est impuissant à traduire; et pour ajouter encore aux dons de la nature, il a su multiplier, à l'aide d'instruments variés, les ressources de sa propre voix. Les sons produits dans ce but spécial, ont des propriétés physiques caractéristiques qui les distinguent des bruits irréguliers, discontinus, indéfinissables que nous avons décrits jusqu'ici : ils forment une série ordonnée, régulière, même quand on fait abstraction de la composition qui, dans une œuvre musicale, les fait succéder dans un ordre savant suivant un rhythme accentué et les combine en accords harmonieux. Cette série constitue les sons musicaux dont l'étude physique est le principal objet de l'acoustique.

La nécessité du travail et de l'industrie humaine ont amené l'homme, il est vrai, à produire bien d'autres bruits qui ne se recommandent ni par la mélodie, ni par l'harmonie, mais dont la plupart sont inséparables des travaux qui les engendrent, et participent pour ainsi dire à leur caractère d'utilité. Dans les manufactures et les ateliers, dans les

forges, le bruit des marteaux et des scies, des outils
de toute sorte, des machines à vapeur, ne s'interrompt souvent ni le jour ni la nuit, concert fort
peu harmonieux, assurément désagréable pour les
oreilles les moins dilettantes. Mais qu'y faire? Pour
notre compte, c'est une musique qui nous semble
de tout point préférable à celle de la mousqueterie
et du canon sur les champs de bataille, de même
que la lutte sur le terrain du travail et de la science
nous paraît l'emporter sur les décisions brutales de
la force.

Tous les phénomènes que nous venons de passer
en revue, quelque variés qu'ils paraissent, se rapportent à un même mode de mouvement, au mouvement vibratoire; ils affectent tout particulièrement l'organe de l'ouïe, en produisant en nous la
sensation du son. Il s'agit maintenant d'étudier la
nature des vibrations sonores, d'indiquer quelles
relations existent entre ces vibrations et les sensations auditives, et dè formuler enfin les lois qui les
régissent les unes et les autres.

§ 2. — Le son est un phénomène à la fois extérieur et intérieur.

Le son est une sensation perçue par l'organe de
l'ouïe, par l'oreille.

La production du son suppose nécessairement
d'une part un phénomène extérieur, et d'autre part
un sujet sensible, qui en perçoit l'impression. Le phénomène extérieur, c'est le corps sonore en action,
l'origine ou la source du son, ce qui, dans des conditions et des circonstances particulières, détermine

en dehors de nous un mouvement spécial : ce mouvement, se propageant du corps sonore à l'oreille,
ébranle nos nerfs et cause ainsi la sensation auditive. Le son disparaît naturellement dès que l'une ou
l'autre des conditions de sa production est suppri-
mée. Il n'y a plus de son, si le corps sonore est en
repos; il n'y a plus de son, si le nerf auditif est
inactif ou paralysé; il n'y a plus de son enfin, s'il
n'existe un milieu matériel servant de moyen de
communication entre l'ouïe et le corps ébranlé.

Tout cela n'a besoin, pour être compris, que
d'un instant de réflexion; mais c'est une remarque
préalable qui est indispensable si l'on veut se rendre
compte de la nécessité de diviser l'*Acoustique* ou .
science du son en deux parties distinctes : dans
l'une, on étudie le son dans les phénomènes extérieurs qui le déterminent, indépendamment de son
action sur nos sens, et si, dans cette étude on fait
intervenir la sensation, c'est seulement comme
moyen d'investigation, comme procédé de recherche;
cette première partie de l'acoustique se nomme
l'*Acoustique physique*. Dans l'autre partie, qu'on
nomme l'*Acoustique physiologique*, ce sont les
lois des sensations auditives qui font l'objet de la
science; c'est le son parvenu à l'oreille, ce sont les
modifications que l'ébranlement sonore produit dans
l'organe de l'ouïe, le rôle joué par les diverses parties de cet organe et enfin la comparaison des sensations elles-mêmes que l'on a particulièrement en
vue. On pourrait caractériser ces deux branches de
l'Acoustique en disant que l'*Acoustique physique*
a pour objet le *son hors de l'homme*, et l'*Acoustique physiologique*, le *son dans l'homme*. Ou

encore, la même distinction serait rendue manifeste,
en posant les deux questions suivantes :

Une cloche résonne, que se passe-t-il dans la matière qui constitue la cloche, et dans l'air qui nous
en sépare? Que se passe-t-il dans notre oreille et
en nous-mêmes?

Les phénomènes de lumière et de chaleur donnent
lieu à une distinction semblable. Autre chose est le
mouvement ondulatoire qui émane de la source
incandescente, autre chose est l'effet sensible que
ce mouvement produit dans nos organes. Vient-il à
affecter la rétine, la sensation est lumière; ne frappe-
t-il que les nerfs épanouis à la surface épidermique,
la sensation est chaleur. Bien plus; telles ondes
impuissantes à impressionner la rétine, parce que
les vibrations qui leur donnent naissance ne sont
pas assez rapides, affectent cependant le sens du
toucher; au contraire, si leur rapidité dépasse une
certaine limite, l'œil ne les voit plus, mais leur
action prend une autre forme et détermine sur les
corps vivants des phénomènes chimiques. Sous ce
rapport, le son a encore une analogie évidente avec
le mouvement ondulatoire du milieu éthéré. Nous
verrons en effet que le mouvement qui le produit
ne donne réellement lieu à une sensation auditive
que dans de certaines limites de rapidité ou d'intensité. Trop lent, l'ébranlement sonore est incapable
d'exciter l'organe de l'ouïe; trop rapide, il dépasse
également en sens contraire la limite de notre im-
pressionnabilité.

Nous reviendrons du reste avec plus de détails
sur ces considérations qui paraîtront peut-être ici
un peu obscures. Quand l'étude des faits nous aura

permis de définir rigoureusement la nature du son, elles acquerront le degré convenable de clarté et d'évidence.

Avant tout, énumérons les diverses manières dont l'expérience nous apprend que le son peut se produire. Nous verrons ensuite comment, des corps sonores, il se propage à travers les gaz, les liquides ou même les solides, jusqu'à notre oreille.

§ 3. — Différents modes de production du son.

La *percussion*, ou le choc de deux corps l'un contre l'autre, est un des modes les plus ordinaires de la production du son. Le marteau qui frappe sur l'enclume, le battant qui fait résonner les cloches ou les timbres, les baguettes du tambour, la crécelle et cent autres exemples que le lecteur se rappellera aisément, sont autant de cas particuliers où les sons se trouvent produits par le choc de deux corps solides. On peut obtenir ainsi les bruits et les sons les plus variés, mais nous verrons que cette variété dépend à la fois de la forme et de la nature du corps sonore, et de la façon dont le bruit se propage jusqu'à notre oreille. Dans l'expérience du marteau d'eau [1], le bruit provient du choc d'une masse liquide contre un corps solide.

Le *frottement* est un autre mode de production du son ou du bruit : c'est ainsi qu'à l'aide d'un

1. Voici en quoi consiste cette expérience : dans un vase cylindrique en verre, on introduit une certaine quantité d'eau, et on fait le vide. En retournant brusquement le vase, l'eau se précipite en bloc sur le fond; parce qu'il n'y a plus d'air pour diviser le liquide par sa résistance : de là, un bruit sec, comme celui d'un coup de marteau.

archet dont les crins sont enduits d'une résine appelée colophane, on fait résonner les cordes tendues : les sons du violon et des instruments semblables sont produits de cette façon qui permet aussi de faire résonner les cloches de verre ou de métal. Dans ce cas, le frottement est transversal. Mais des sons s'obtiennent aussi par un frottement longitudinal sur des cordes ou des verges métalliques. Lorsqu'on traîne un objet sur le sol, le bois, les pierres, etc., il en résulte un bruit produit par le frottement : la roue d'une voiture qui roule sur le pavé donne lieu à un bruit qui est dû en grande partie au frottement, mais auquel la percussion n'est pas tout à fait étrangère.

Le pincement d'une corde tendue, par exemple dans les instruments tels que la guitare, la harpe, la mandoline, donne un son dont l'origine participe à la fois de la percussion et du frottement.

Les corps liquides et solides mis en contact par voie de percussion ou de frottement produisent des sons et des bruits; mais les mêmes mouvements dans les liquides, sans l'intermédiaire d'aucun corps solide, déterminent aussi des sons : tel est le frémissement que fait entendre la chute des gouttes de pluie à la surface de l'eau d'un bassin, d'une rivière.

Dans les gaz, le son, comme nous le verrons bientôt avec plus de détails, est dû à une série de condensations et de dilatations alternatives; mais ces mouvements peuvent être produits par la percussion et le frottement. Ainsi, l'air siffle quand il reçoit l'impulsion violente d'une baguette ou d'un fouet; et le vent produit des sons intenses, quand il souffle contre les arbres, les édifices, les obstacles solides quelconques. Quant au bruit du vent qui s'engouffre dans les cheminées, il est dû à un mode d'ébranlement de l'air que nous étudierons, quand il s'agira des sons produits par le mouvement des gaz dans les tuyaux. Tel est le son dans les instruments de musique connus sous le nom d'*instruments à vent*; tels sont encore la voix humaine, les cris des animaux.

Les détonations des gaz, le bruit qui accompagne l'étincelle électrique, les explosions de la foudre sont des sons dus à de brusques changements de volume, à des dilatations et à des contractions successives des masses gazeuses.

Parmi les modes les plus curieux de production du son, il faut citer celui qui résulte du contact de deux corps solides à des températures différentes. C'est en 1805 que ce singulier phénomène a été signalé pour la première fois par Schwartz, inspecteur d'une fonderie saxonne. Ayant posé sur une enclume froide un lingot d'argent à une température élevée, il fut étonné d'entendre des sons musicaux, pendant toute la durée du refroidissement de la masse. En 1829, Arthur Trevelyan plaça accidentellement un fer à souder très-chaud sur un bloc de plomb; presque aussitôt un son aigu s'échappa du fer. Il fut conduit de la sorte à étudier le phénomène sous toutes les formes et à imaginer des instruments propres à mettre en évidence cette cause de production du son : nous les décrirons bientôt en étudiant les vibrations sonores.

Le passage d'un courant électrique fait résonner une barre de fer suspendue en son milieu, et dont une extrémité est au centre d'une bobine d'induction.

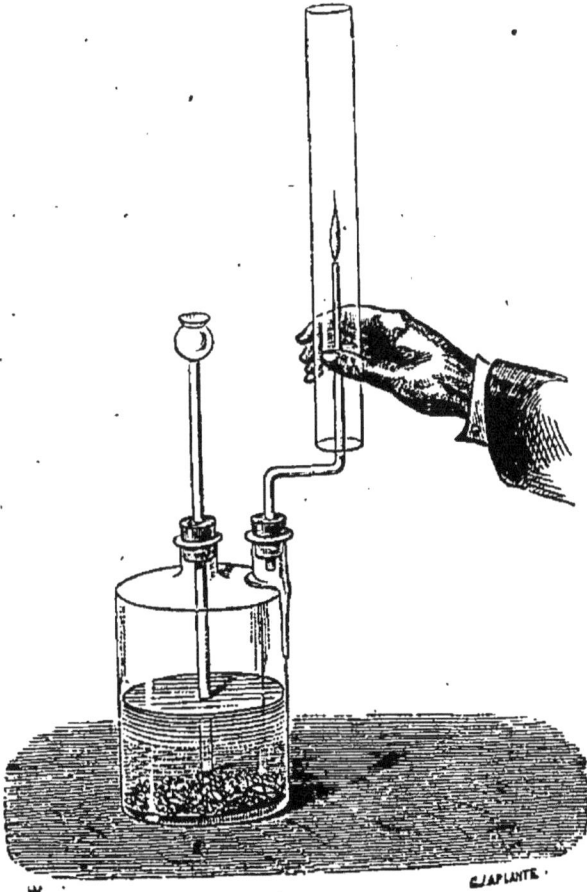

Fig. 1. — Expérience de l'harmonica chimique.

Enfin la combustion des gaz dans les tubes donne aussi lieu à la production de sons musicaux. Si l'on allume le jet d'hydrogène qui se dégage du petit appareil nommé par les chimistes *lampe philosophique*, et qu'on introduise la flamme à l'intérieur d'un tube de plus grand diamètre, ouvert aux deux bouts, on entend un son aigu ou grave selon la longueur, le diamètre, l'épaisseur et la nature de la

substance du tube. En disposant convenablement
un certain nombre de ces appareils, on obtient une
série de sons musicaux formant différents accords;
de là, le nom d'*harmonica chimique*, sous lequel
on connaît cette sorte d'instrument de musique. Ce
fait a été le point de départ des expériences cu-
rieuses de Schaffgotsch et de Tyndall sur les flammes
chantantes.

Une première conséquence résulte des faits qui
précèdent, c'est que le son, pour se produire, nécessite un certain mouvement des molécules des
corps, un frémissement que l'œil ne perçoit pas
toujours, mais qui est souvent sensible au contact,
quand on pose la main ou le doigt sur le corps sonore. Les moyens de provoquer ces frémissements
sont variés, on vient de le voir; la propriété des
corps qui les rend possibles est une : c'est celle
qu'on connaît en physique sous le nom d'*élasticité*.

§ 4. — Les corps sonores.

Les corps susceptibles d'émettre des sons, de
résonner pour employer une expression à la fois
familière et précise, quand on les soumet à une percussion, à un frottement, etc., sont ceux qui sont
doués à un certain degré d'élasticité. Les métaux,
le verre, les bois de structure fibreuse sont, parmi
les solides, les corps qui possèdent la sonorité la
plus prononcée; mais cette propriété dépend beaucoup de la forme et des dimensions de la masse
résonnante. Un bloc d'acier de forme cubique donnera un son mat, sourd, sous l'action d'un coup de

·marteau ; le son sera déjà plus intense, si l'on suspend le bloc par un de ses points et qu'on applique le coup à une certaine distance du point de suspension ; le même morceau de métal transformé en une tige cylindrique un peu longue, rendra des sons plus intenses par le frottement ou le choc. Mais sa sonorité sera bien autrement accrue, si on lui donne la forme d'un vase hémisphérique, d'une cloche ou d'un timbre. En résumé, la sonorité est en raison directe de l'élasticité.

Les liquides et les gaz sont des corps élastiques ; aussi nous avons vu plus haut qu'ils sont susceptibles d'émettre des sons. On doit donc les ranger parmi les corps sonores, mais nous aurons à les considérer surtout dans la propriété qu'ils possèdent de transmettre les sons émanés des solides, tout en constatant leur aptitude à être eux-mêmes des sources sonores. Les liquides et les gaz sont des milieux transparents pour le son, comme ils sont transparents pour la lumière ; mais cela ne veut point dire que la transparence sonore soit due à la même cause que la transparence lumineuse.

Les corps non élastiques ou doués d'une faible élasticité, les corps mous résonnent généralement très-mal. Un morceau de cire, ou de terre glaise un peu humide, est dans ce cas. Pour la même raison, comme on le comprendra bientôt, ces corps sont de mauvais conducteurs du son ; ils l'interceptent ou l'étouffent. Ce sont, relativement au son, les analogues des corps opaques par rapport à la lumière.

Les matières finement divisées, la laine, la plume, le coton, ont par elles-mêmes peu ou point de sonorité, et transmettent mal le son. On remplit de sciure de bois, de copeaux, de platras divisés, les intervalles des plafonds et des planchers, pour amortir le son d'un étage à l'autre. Les tentures d'étoffe, les tapis, les rideaux, rendent une pièce d'appartement beaucoup moins sonore, plus sourde, parce que ce sont des corps peu propres à résonner ou à renvoyer les sons.

Voici donc établie une seconde conséquence non moins importante que celle du § 3, à savoir que les corps sonores sont les corps élastiques, c'est-à-dire ceux dont les molécules, dérangées par une action extérieure, de leur position d'équilibre, y reviennent, la dépassent et oscillent ainsi pendant un temps plus ou moins long. Le son est donc entrevu dès maintenant comme ayant son origine dans un mouvement vibratoire des molécules des corps, solides, liquides ou gaz.

§ 5. — Le son ne se propage pas dans le vide.

C'est un fait connu de tout le monde que le son met un temps appréciable à se propager du corps sonore à l'organe de l'ouïe. Quand nous observons à distance une personne qui frappe un coup de marteau par exemple, notre œil voit le marteau tomber sur l'obstacle avant que l'oreille entende le bruit de la percussion. De même, la détonation d'un fusil, d'un canon, parvient à l'oreille après que la flamme produite par l'explosion a brillé devant nous. Dans les feux d'artifice on voit l'explosion des fusées se faire au sein de l'air, on aperçoit les gerbes lumineuses s'épanouir et s'éteindre, bien avant d'entendre le bruit qui accompagne l'explosion.

Je me rappelle avoir admiré sur les côtes de la Méditerranée le spectacle curieux d'un navire de guerre qui s'exerçait au tir du canon : je voyais la fumée des bordées d'artillerie, puis, sur les crêtes des vagues, les ricochets des boulets allant se perdre dans la mer, bien avant d'entendre le tonnerre de la détonation.

Dans tous ces cas, l'intervalle compris entre la vue du phénomène et l'audition du son marque la différence entre la vitesse de la lumière et celle du son lui-même; mais comme la vitesse de la lumière comparée à celle du son peut être considérée comme infinie [1], le même intervalle donne sans erreur sensible le temps que le son met à se propager d'un point à un autre. Il est aussi bien établi par l'observation journalière que l'intervalle dont il vient d'être question augmente avec la distance.

Ainsi le son se propage successivement, nous verrons bientôt avec quelle vitesse. Mais quel est le milieu qui sert de véhicule à ce mouvement? Est-ce le sol? Se communique-t-il par l'intermédiaire des corps solides, des liquides, ou de l'air, ou encore par tous ces milieux à la fois? Voici une expérience qui répondra à ces questions.

Plaçons sous le récipient de la machine pneumatique un mouvement d'horlogerie muni d'un timbre sonore, dont le marteau est maintenu immobile par

---

1. Sénèque avait entrevu cette vérité expérimentale : « Nous voyons l'éclair, dit-il, avant d'entendre le son, parce que le sens de la vue, plus prompt, devance de beaucoup celui de l'ouïe. » (*Quest. natur.*, II, 12.) Seulement, où il est dans l'erreur, c'est quand il attribue à nos sens une propriété qui appartient aux phénomènes extérieurs, aux ondes lumineuses et aux ondes sonores.

un encliquetage, mais qu'une tige permet de rendre libre à volonté (fig. 2). Avant de faire le vide, on entend très-bien le timbre résonner sous les coups du marteau. Mais à mesure que l'air se raréfie, le son diminue d'intensité; il disparaît complétement, dès que le vide est fait, si d'ailleurs on a eu la précaution de placer l'appareil sur un coussin formé de liége, d'ouate, ou en général d'une substance molle et peu ou point élastique. On voit alors le marteau frapper sur le timbre, mais on ne perçoit plus aucun bruit, aucun son. Si alors, à la place de

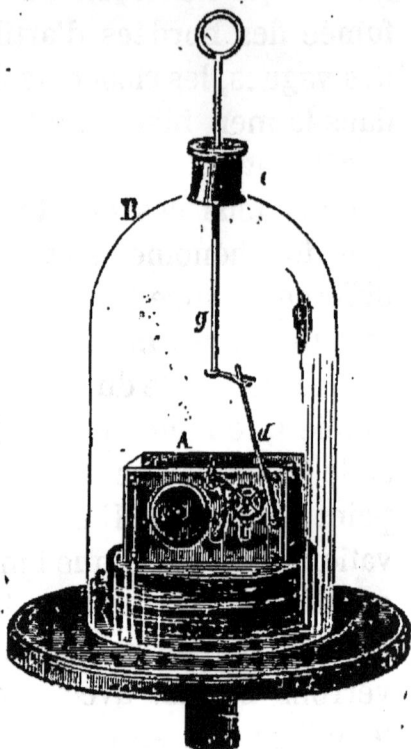

Fig. 2. — Expérience prouvant que le son ne se propage pas dans le vide.

l'air que contenait la cloche, on introduit un gaz quelconque, hydrogène, acide carbonique, oxygène, vapeur d'éther, etc., le son s'entend de nouveau.

On peut faire la même expérience avec un appareil plus simple. C'est un ballon en verre, muni d'un double robinet, et qui peut s'adapter sur la machine pneumatique. A l'intérieur est suspendue, par des fils sans torsion, une clochette qu'on agite en secouant le ballon avec la main; si le ballon est vide d'air, on n'entend pas les sons de la clochette. En introduisant par l'entonnoir supérieur quelques gouttes d'un liquide volatil, ce dernier se réduit en vapeur en pénétrant dans l'espace vide du ballon, sans que l'air puisse s'y mêler, et l'on constate ainsi que les vapeurs transmettent le son, comme les gaz, car alors le son de la clochette retentit de nouveau. Les expériences de M. Biot ont fait voir que le son transmis est d'autant plus intense, à pression égale, que la densité des gaz ou des vapeurs est plus grande.

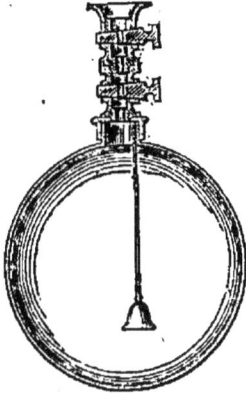

Fig. 3. — Le son ne se propage pas dans le vide.

Les physiciens n'étaient pas tous, il y a un siècle, bien convaincus par des expériences de ce genre que l'air fût le véhicule du son : il restait à prouver que le mouvement propre à engendrer le son, n'était point détruit dans le corps sonore, par le fait du vide dont il était entouré. Voici ce que dit à ce sujet Hauksbée et les expériences nouvelles qu'il imagina pour mettre le fait hors de doute :

« Il paraît que les expériences qu'on a faites jusqu'ici sur le son dans le vuide, ne prouvent pas assez que la perte du son vient seulement de l'absence de l'air, et je crois même qu'on ne peut l'assurer sans de nouvelles expériences. Car il s'agit de sçavoir si les parties du corps sonore, dans un milieu tel que le vuide, ne changent pas au point de ne pouvoir plus recevoir le mouvement nécessaire pour produire le son. Comme cette question mérite d'être approfondie, j'imaginai l'expérience suivante.

« Je renfermai dans un récipient, capable de

quelque résistance, et garni par le bas d'un cercle de cuivre, une cloche d'une grosseur convenable, et j'affermis bien l'orifice du récipient sur une plaque de cuivre, par le moyen d'un cuir humide placé entre deux. De cette manière le récipient étoit rempli d'air commun qui ne pouvoit point s'échapper. On le mit ensuite sur la machine pneumatique, on le recouvrit d'un autre grand récipient, et on pompa l'air contenu entre ces deux récipients.

« Il étoit sûr, dans cette expérience, que quand le battant frapperoit la cloche, il y auroit du son produit dans le récipient intérieur où l'air avoit le même degré de densité que celui de l'atmosphère, et qu'il ne souffriroit pas d'altération par le vuide qui étoit à l'extérieur entre les deux récipients.

« Quand les préparatifs de l'expérience furent faits, je fis frapper la sonnette par son battant. Mais le son n'en fut point transmis à travers le vuide; quoique je fusse assuré qu'il y avoit en même temps du son produit dans le récipient. » Cette fois, l'expérience était décisive.

§ 6. — Propagation du son dans les solides, les liquides et les gaz.

Ainsi l'air et en général tous les gaz sont des véhicules du son. Mais ils ne possèdent pas tous cette propriété au même degré. Ainsi, d'après les expériences de Tyndall, la conductibilité du gaz hydrogène pour le son est beaucoup moindre que celle de l'air, à égalité de pression, et cependant la vitesse de propagation est près de quatre fois dans l'hydrogène ce qu'elle est dans l'air. Hauksbée a fait, au siècle dernier, des expériences sur la propagation du son dans l'air condensé jusqu'à cinq atmosphères. L'intensité du son transmis se trouva graduellement augmentée.

Les solides eux-mêmes transmettent le son, mais dans une mesure très-variée et qui dépend de leur élasticité. Ainsi dans les expériences précédentes, alors même que le vide 'est fait, si l'on approche l'oreille, on entend un son très-faible, transmis à l'air environnant par le coussin et par le plateau de la machine. Ce qui démontre mieux encore le fait de cette transmission par les solides, c'est que le son du timbre n'est qu'affaibli, si l'on pose directement l'appareil sur la platine de verre qui supporte la cloche [1].

L'eau et en général tous les liquides sont aussi des véhicules du son, et, au point de vue de l'intensité comme de la vitesse, de meilleurs véhicules que l'air. Un plongeur entend sous l'eau les moindres bruits, par exemple ceux que font les cailloux en roulant et se choquant les uns les autres. On s'était demandé d'abord si le son qu'on entendait malgré l'interposition d'une certaine masse d'eau avait bien

1. Les Académiciens de Florence qui avaient fait des expériences sur la propagation du son dans le vide, crurent que l'air n'était point nécessaire pour la transmission. La cause de leur erreur provenait de la difficulté qu'on avait alors d'obtenir un vide suffisamment parfait, et aussi de ce qu'ils n'avaient pas pris la précaution d'isoler le corps sonore à l'aide de corps mous ou mauvais conducteurs du son. Une négligence pareille avait induit le P. Kircher à une conclusion différente, mais non moins fausse. Ayant constaté qu'une clochette donnait encore des sons dans l'espace barométrique, il n'admettait pas que cet espace pût réellement être vide.

l'eau pour véhicule; si ce n'était pas l'air en dissolution dans le liquide qui transmettait au dehors les
vibrations sonores. L'abbé Nollet, en répétant les
expériences de Hauksbée, prit la précaution de
purger d'air l'eau au travers de laquelle le son se
propageait, et il ne trouva pas de différence sensible entre les sons produits par le corps sonore
plongé dans l'eau aérée et dans l'eau privée d'air.
La présence de l'air dans l'eau n'est donc pas nécessaire à la propagation du son; elle n'en accroît ni
n'en diminue l'intensité.

Il ne faut pas confondre les sons que nous percevons par l'intermédiaire de l'air avec ceux que nous
transmettent les solides, le sol par exemple, ou tout
autre corps élastique. Si l'on applique l'oreille à
l'extrémité d'une pièce de bois un peu longue, on
distingue fort bien le bruit que produit le frottement
d'une épingle, d'un bout de plume à l'extrémité
opposée : cependant une personne placée vers le
milieu, mais l'oreille loin de la poutre, n'entend
rien. Le tic-tac d'une montre suspendue à l'extrémité d'un long tube métallique, s'entend distinctement à l'autre bout, sans que les personnes plus
rapprochées de la montre perçoivent aucun son.
Hassenfratz, « étant descendu dans une des carrières situées au-dessous de Paris, chargea quelqu'un de frapper avec un marteau contre une masse
de pierre qui forme le mur d'une des galeries souterraines. Pendant ce temps, il s'éloignait peu à peu
du point où la percussion avait lieu, en appliquant
une oreille contre la masse de pierre; bientôt, il
distingua deux sons dont l'un était transmis par la
pierre et l'autre par l'air. Le premier arrivait à l'o-

reille beaucoup plus rapidement, à mesure que l'observateur s'éloignait, en sorte qu'il cessa d'être entendu à la distance de cent trente-quatre pas, tandis que le son auquel l'air servait de véhicule ne s'éteignit qu'à la distance de quatre cents pas. » (Haüy).

Des expériences analogues exécutées à l'aide de longues barres de bois ou de fer donnèrent le même résultat, quant à la supériorité de vitesse, mais un effet inverse relativement à l'intensité. Nous citerons plus loin la curieuse expérience de Wheatstone répétée par Tyndall, laquelle permit à des auditeurs d'entendre au second étage d'une maison, par l'intermédiaire de baguettes de sapin, un concert donné au rez-de-chaussée ou dans la cave. Ainsi le bois est un excellent conducteur du son.

Humboldt, décrivant les bruits sourds qui accompagnent presque toujours les tremblements de terre, cite un fait qui prouve la facilité avec laquelle les corps solides transmettent le son à de grandes distances. « A Caracas, dit-il, dans les plaines de Calaboro et sur les bords du Rio-Apure, l'un des affluents de l'Orénoque, c'est-à-dire sur une étendue de 130,000 kilomètres carrés, on entendit une effroyable détonation, sans éprouver des secousses, au moment où un torrent de laves sortait du volcan Saint-Vincent, situé dans les Antilles à une distance de 1200 kilomètres. C'est, par rapport à la distance, comme si une éruption du Vésuve se faisait entendre dans le nord de la France. Lors de la grande éruption du Cotopaxi, en 1744, on entendit des détonations souterraines à Honda, sur les bords du Magdalena : cependant, la distance de ces deux points est de 810 kilomètres, leur différence de niveau est de 5500 mètres, et ils sont séparés par les masses colossales des montagnes du Quito, de Pasto et de Popayan, par des vallées et des ravins sans nombre. Évidemment, le son ne fut pas transmis par l'air; il se prolongea dans la terre à une grande profondeur. Le jour du tremblement de terre de la Nouvelle-Grenade, en février 1835, les mêmes phénomènes se reproduisirent à Popayan, à Bogota, à Santa Marta et dans le Caracas, où le bruit dura sept heures entières, sans secousses, à Haïti, à la Jamaïque et sur les bords du Nicaragua. »

En résumé, la transmission du son du corps sonore à l'oreille peut se faire par l'intermédiaire des corps solides, des liquides et des gaz; mais c'est l'atmosphère qui est le véhicule le plus ordinaire.

Il résulte de là que le son ne dépasse point les limites de l'atmosphère. Le bruit des explosions volcaniques par exemple ne peut se propager jusqu'à la Lune; et de même, les habitants de la Terre n'entendent pas les sons qui pourraient se produire dans les espaces célestes. Les détonations des aérolithes indiquent donc que ces corps, au moment où ces détonations ont lieu, se trouvent déjà dans notre atmosphère, ce qui peut nous renseigner sur les limites de la couche gazeuse dont notre planète est enveloppée. Sur les hautes montagnes, la raréfaction de l'air est cause d'un grand affaiblissement dans l'intensité des sons. Selon de Saussure et tous les explorateurs qui lui ont succédé, un coup de pistolet tiré au sommet du Mont Blanc fait moins de bruit qu'un petit pétard; « j'ai répété plusieurs fois cette expérience, dit Tyndall; la première fois, avec un petit canon d'étain, et plus tard avec des pistolets. Ce

qui me frappa particulièrement, ce fut l'absence de
cette plénitude et de cette netteté de son qui carac-
térisent un coup de pistolet à des élévations moindres; le coup produisait l'effet d'une bouteille de vin
de Champagne, et cependant le son ne laissait pas
d'être encore assez intense. Ch. Martins, en décrivant un orage dont il a été témoin dans ces hautes
régions, dit que « le tonnerre ne roulait pas ; c'était
un coup sec comme la détonation d'une arme à
feu. » Gay-Lussac, dans sa célèbre ascension en
ballon, remarqua que les sons de sa voix étaient
considérablement affaiblis à la hauteur de 7000 mètres où il s'était élevé.

En résumé, de tous les faits que nous venons de
passer en revue, que faut-il conclure ? le voici :

Le son a son origine dans certains mouvements
imprimés aux masses ou aux molécules des corps
élastiques ; la percussion, le frottement, le pincement, l'action de la chaleur, de l'électricité sont
autant de modes de production du son ;

Les corps sonores sont les corps élastiques : ils
peuvent être solides, liquides ou gazeux ;

Mais il ne suffit pas que le mouvement qui cause
le son se produise dans les corps sonores, pour que
l'oreille normale en perçoive la sensation ; il faut
qu'il y ait entre la source et notre organe d'audition
une succession ininterrompue de corps, une suite
de milieux pondérables ;

L'air est le véhicule le plus ordinaire du son ;
mais les corps solides, les liquides et les différents
gaz sont aussi propres à transmettre le mouvement
particulier qui le constitue ;

Le vide enfin ne permet pas la transmission du son.

CHAPITRE II

LA VITESSE DU SON

---

§ 1. — La vitesse du son dans l'air.

Les faits qui prouvent que le son ne se transmet pas instantanément du corps sonore à l'oreille, sont connus de tout le monde. Nous en avons rappelé quelques-uns (Ch. I, § 5), et il suffit d'une assez faible distance pour constater l'existence d'un intervalle appréciable entre l'instant où l'œil voit le mouvement qui donne naissance au son, et celui où l'oreille en perçoit la première impression.

Ainsi le son se propage successivement au travers des milieux pondérables? Quelles sont les lois de ce mouvement, avec quelle vitesse le son se propage-t-il? Cette vitesse est-elle constante ou bien varie-t-elle avec la distance de la source? Est-elle différente selon le milieu, plus petite ou plus grande dans les liquides ou les solides que dans l'air ou dans les gaz, dans des directions variées, horizontales, obliques, verticales, dans les montagnes que

dans les plaines ? Change-t-elle enfin si les conditions atmosphériques changent, si la température,
la pression du baromètre, l'humidité de l'air, sa
densité varient elles-mêmes? Est-elle augmentée ou
diminuée par les mouvements de transport de l'air,
par le vent ?

On voit par là combien la question est complexe ;
mais les premiers physiciens qui l'ont abordée, ne
l'ont naturellement envisagée d'abord que sous son
aspect le plus simple. Ils se sont bornés à mesurer
grossièrement la vitesse de propagation du son dans
l'air, sans tenir compte des circonstances que nous
venons de mentionner.

En général, toute mesure de la vitesse du son est
basée sur la différence qui existe entre la vitesse de
la lumière et celle du son lui-même ; et à vrai dire,
ce n'est jamais que cette différence qu'on a déterminée dans toutes les expériences antérieures à ces
dernières années. Nous avons vu Sénèque constater
le fait, et, à la vérité, tout le monde aujourd'hui sait
qu'on ne commet en ce cas aucune erreur appréciable en considérant la vitesse de la lumière comme
infinie.

Voici donc le procédé à suivre : on mesure avec
le plus de précision possible une distance aux deux
extrémités de laquelle se postent deux observateurs.
L'un d'eux produit un son à l'aide d'un procédé
visible, par la détonation, par exemple, d'une arme
à feu, dont la lumière, au moment où l'aperçoit le
second observateur, donne l'instant précis où commence l'ébranlement sonore. Ce second observateur, muni d'un instrument propre à évaluer le
temps, d'une montre à secondes, je suppose, note

l'instant de l'apparition du signal lumineux, puis celui où son oreille perçoit la première impression du son : l'intervalle indique en secondes et fractions de seconde le temps écoulé entre ces deux phases du phénomène. Il est clair qu'en divisant la distance des stations par le nombre mesurant cet intervalle, on aura l'espace parcouru par le son en une seconde, c'est-à-dire sa vitesse. Cela suppose à la vérité que la vitesse du son est constante, ce qu'on peut vérifier approximativement du reste, en faisant varier la distance des stations extrêmes, ou en établissant des postes d'observation intermédiaires.

Avant de décrire les expériences récentes les plus précises, nous allons faire l'histoire sommaire des déterminations anciennes de la vitesse du son.

Ces déterminations sont loin d'être concordantes, comme on va le voir, ce qui n'a rien d'étonnant, si l'on songe au peu de précision des premiers procédés adoptés.

La plus ancienne mesure paraît être due aux académiciens de Florence et dater de l'année 1660. Ils trouvèrent une vitesse de 1148 pieds, c'est-à-dire de 372^m 90. Le père Mersenne avait déjà obtenu indirectement la vitesse du son, en se basant sur le phénomène de l'écho ou de la réflexion du son ; le nombre auquel il était arrivé était de 972 pieds ou 316 mètres environ par seconde. Le premier de ces nombres était trop fort, le second trop faible. Les autres mesures s'éloignaient plus encore de la vérité [1]. Il faut dire que de tels résultats ne peuvent

1. L'Encyclopédie donne les nombres suivants pour la vitesse du son dans l'air, obtenue par divers savants ; plusieurs de ces nombres ne sont pas d'accord avec ceux que

guère inspirer de confiance, et voici pourquoi.

D'abord, en général, les distances des stations extrêmes étaient imparfaitement connues. Il y a là une première cause d'erreur. Une autre, plus grave, tenait au peu de précision des mesures du temps. Ainsi, le père Mersenne avait reconnu qu'en une seconde la voix pouvait prononcer sept syllabes distinctes, et qu'un écho distant de 81 toises, les réfléchissait toutes exactement dans la seconde qui suivait. Chacun des sons composant les sept syllabes avait donc exactement parcouru en une seconde le double de la distance de l'écho. C'est là une grossière approximation, non une mesure précise.

Pour comparer les résultats obtenus, il faudrait en outre tenir compte de l'état thermométrique et hygrométrique de l'atmosphère, et aussi de la force, de la vitesse et de la direction du vent. On verra

---

nous trouvons dans d'autres publications anciennes, cette différence tient-elle à ce que les expériences faites par certains observateurs furent multiples et donnèrent des résultats divergents : c'est ce que nous ne pouvons dire. Voici le passage en question qui d'ailleurs n'indique nullement les circonstances où ont été faites les mesures : « La vitesse du son est différente, suivant les différents auteurs qui le déterminent. Il parcourt l'espace de 968 piés en une minute (faute d'impression : lisez *une seconde*) suivant M. Isaac Newton ; 1300 suivant M. Robert ; 1200 suivant M. Boyle ; 1330 suivant le docteur Walker ; 1474 suivant Mersenne ; 1142 suivant M. Flamsteed et le docteur Halley : 1148 suivant l'Académie de Florence, et 1172 piés suivant les anciennes expériences de l'Académie des sciences de Paris. M. Derham prétend que la cause de cette variété vient en partie de ce qu'il n'y avait pas une distance suffisante entre le corps sonore et le lieu de l'observation, et en partie de ce que l'on n'avait pas eu égard aux vents. » Nous ne citons d'ailleurs ces résultats que pour montrer quelle était encore, il y a deux siècles, l'incertitude des physiciens sur ce point de la science.

plus loin comment ces circonstances si variables influent sur la vitesse de l'ébranlement sonore. Or, dans les plus anciennes expériences, on ne se préoccupait nullement de ces influences.

Les premières expériences précises remontent à l'année 1738 et sont dues à l'ancienne Académie des sciences de France. Une commission formée de trois savants français : Lacaille, Cassini et Maraldi, choisit pour stations d'observation les points suivants : à Paris, l'Observatoire et la pyramide de Montmartre ; aux environs, le moulin de Fontenay-aux-Roses et le château de Lay, à Montlhéry. Malheureusement, le temps n'était encore mesuré qu'à une demi-seconde près ; la plupart des coups de canon ne furent pas réciproques, et dès lors la vitesse du vent n'était pas atténuée ; enfin la température ne fut que vaguement indiquée. Voici les résultats pour les expériences du 14 et du 16 mars. Le 14, par une pluie très-vive, le son parcourut la distance de 11,756 toises séparant Montlhéry de l'Observatoire en 68 secondes, moyenne des deux intervalles d'aller et de retour. Cela fait 172^t,9 par seconde. Le 16, la moyenne de deux coups réciproques entre les mêmes stations fut de 68^s, 25 ; et par conséquent la vitesse de 172^t,25.

L'influence du vent fut alors reconnue. S'il souffle dans le même sens que le son se propage, il en augmente la vitesse ; en sens contraire, il la ralentit d'autant, et c'est là ce qui explique la nécessité des coups réciproques. Nous verrons plus loin ce que dit Arago sur ce point. Enfin, si le vent souffle dans une direction oblique, la vitesse du son est augmentée ou diminuée selon l'angle que sa direction fait avec celle du vent [1]. Son influence n'est nulle que pour le cas où le vent souffle à angle droit entre les deux stations extrêmes.

Les mêmes expériences firent aussi reconnaître que la vitesse du son dans l'air est uniforme, c'est-à-dire qu'il parcourt un espace double, triple..., dans un temps double, triple..., etc. Les stations intermédiaires servirent à constater ce fait.

En 1809 et en 1811, Benzenberg fit près de Dusseldorff, plusieurs séries de mesures de la vitesse du son, entre deux stations éloignées de 9072 mètres. Les coups n'étant pas réciproques, l'influence du vent ne fut pas éliminée, mais le temps était calme, et les observateurs étaient munis de montres à arrêt et à tierces. Les résultats furent les suivants : vitesse du son à 2° au-dessus de zéro 335^m,2 par seconde, à 28° 350^m,78.

Viennent ensuite, en 1821, les expériences faites à Madras par un astronome anglais, Goldingham. Résultats : vitesse du son à 27°,56, 347^m,57. C'est une moyenne de 800 observations ; les coups de canon étaient tirés des deux forts Saint-Georges et Saint-Thomas [2], et entendus à une station distante de ceux-ci de 4246^m,5 et de 9059^m,2.

Nous arrivons maintenant, dans l'ordre des dates,

---

1. De toute la valeur de la composante de cette vitesse, ou de sa projection sur la direction du mouvement du son.

2. « Au fort Saint-Georges, à Madras, on tire le canon le matin à la pointe du jour et le soir à huit heures; au Mont Saint-Thomas, on tire aussi le canon le matin à la naissance du jour, et le soir au coucher du soleil. Un nouveau bâtiment a été érigé de manière à dominer toute la contrée ; c'est sur cet édifice, que l'auteur fit ses observations le matin et le soir au moment où l'on tirait le canon. »

(*Bulletin de Férussac.*)

aux expériences que le bureau des Longitudes, sur la proposition de Laplace, fit faire en 1822. La commission était composée de quatre membres du bureau, Arago, de Prony, Bouvard et Mathieu, et elle s'adjoignit Gay-Lussac et Humboldt. L'une des stations choisies fut encore Montlhéry, comme en 1738.

Fig. 4. — Expériences du Bureau des longitudes sur la vitesse du son, faites à Villejuif et à Montlhéry, en 1822.

Mais, pour éviter le trajet du son au travers de l'atmosphère d'une grande ville, au lieu de Montmartre ou de l'Observatoire, on prit un point de la banlieue, Villejuif, pour seconde station. Les moyens d'évaluer le temps étaient des chronomètres à arrêt fournis par Bréguet, lesquels donnaient les dixièmes et même (l'un d'eux) les soixantièmes de seconde. Arago, de Prony et Mathieu s'établirent à Villejuif ; Gay-Lussac, Humboldt et Bouvard à Montlhéry. Deux pièces de canon de même calibre, chargées de gargousses de même poids (1^k et $1^k,5$) avaient été disposées à chacune des stations.

Les expériences commencèrent le 21 juin 1822 à dix heures et demie et continuèrent le lendemain à onze heures du soir, par un ciel serein et une atmosphère à peu près calme. Douze coups de canon alternés de 10 en 10 minutes furent tirés chaque soir à l'une et à l'autre station, à partir d'un signal donné, et chaque groupe d'observateurs nota le nombre de secondes qui s'écoulait entre l'apparition de la lumière et la perception du son.

A Villejuif, on entendit parfaitement tous les coups tirés à Montlhéry, tandis que les bruits du canon de Villejuif furent à peine transmis à l'autre station. Cependant, dit Arago, « le peu de vent qu'il faisait soufflait de Villejuif à Montlhéry ou plus exactement du nord nord-ouest au sud sud-est. » En combinant les coups réciproques entendus de part et d'autre, on reconnut que le son avait employé en moyenne 54 secondes 6 dixièmes, pour franchir la distance des deux stations. La température était $15°,9$, l'hygromètre marquait $72°$. La distance totale étant de $18612^m,52$, la vitesse du son avait été, par seconde, de $340^m,88$. Arago évaluait à $1^m,317$ l'erreur probable pouvant provenir de l'incertitude de la mesure des distances et de l'évaluation du temps.

On a vu que, pour compenser l'influence du vent, on observe des coups réciproques, mais cette réciprocité n'est jamais rigoureusement simultanée ; les coups combinés étaient séparés, à Montlhéry et à Villejuif, par des intervalles de cinq minutes. Or, dit Arago, « si l'on remarque que le vent est toujours intermittent, et qu'entre deux fortes bouffées, il y a souvent des instants d'un calme complet, ne trouvera-t-on pas trop considérables les intervalles de 5 minutes que nous avons cru néanmoins pouvoir combiner comme coups correspondants. Loin de vouloir affaiblir ces objections, j'ajouterai, si l'on veut, que, dans certains cas, les coups des deux stations pourraient partir à la même seconde, sans que la demi-somme des deux temps de propagation fût indépendante du vent. Supposons, en effet, que le 21 juin par exemple, une bouffée du nord eût commencé à Villejuif à l'instant du tir de la pièce : le son plus rapide que le vent se serait propagé de cette station à Montlhéry comme dans une atmosphère tranquille, tandis que le bruit parti, à la même seconde, de Montlhéry aurait rencontré le vent contraire ou du nord avant d'atteindre Villejuif, et sa marche en aurait été plus ou moins retardée. Mais que conclure de là, si ce n'est qu'un temps fait et calme est indispensablement nécessaire pour de telles expériences? » Sous ce dernier rapport, les expériences de 1822 furent aussi satisfaisantes que possible. Elles montrèrent aussi que la vitesse de propagation du son est indépendante de la charge du canon, par conséquent de l'intensité du son.

En juin 1823, deux physiciens hollandais, Moll et

Van Beek firent à Amersfoort une série d'expériences où ils se proposèrent principalement de tenir compte de l'influence du vent, dont la direction et la vitesse étaient indiquées par de bons anémomètres. Réduite à 0° et à l'air sec, la vitesse du son fut trouvée de 332^m,05.

De Stampfer et de Myrbach, deux savants autrichiens, trouvèrent, en 1822, le nombre 332^m,44.

Mentionnons encore, avant d'arriver aux expériences contemporaines, celles que firent Bravais et Martin en 1844 et le nombre 332^m,37 qu'ils trouvèrent pour la vitesse du son à la température de la glace fondante et dans l'air sec.

§ 2. — Conditions qui influent sur la vitesse du son.

La vitesse de propagation du son dans l'air peut se calculer par la théorie. Le son, comme on le verra plus loin, étant un mouvement vibratoire qui se propage dans les milieux élastiques, on prouve que sa vitesse dépend à la fois de l'élasticité et de la densité du milieu fluide où il se meut. Quand la pression à laquelle le gaz est soumis, et par suite son élasticité, reste la même, la vitesse du son est en raison inverse de la densité du gaz; si, au contraire, la pression varie sans que la densité change, c'est l'élasticité qui varie, et la vitesse du son est d'autant plus grande que cette élasticité l'est elle-même davantage. C'est à Newton qu'est due la première démonstration théorique de ces principes : nous venons de les énoncer sans les formuler rigoureusement [1].

1. La formule de Newton est $V = \sqrt{\dfrac{gh}{d}}$ dans laquelle V

Dans l'air atmosphérique, la pression et la densité varient précisément dans le même rapport, si toutefois la température reste constante, et la vitesse du son ne varie qu'avec la température. L'expérience confirme cette prévision de la théorie.

Il résulte de là que, pour être comparables, les résultats des diverses expériences qu'ont faites les physiciens sur la vitesse du son dans l'atmosphère, doivent être ramenés à une même température. Il faut aussi faire une correction relative à l'état hygrométrique de l'air. On s'accorde à ramener la vitesse observée à celle qu'aurait le son à l'air sec et à la température de 0° centigrade ou de la glace fondante. Réciproquement, la vitesse du son étant donnée dans ces circonstances, on peut trouver celle qu'il aurait à une température plus élevée ou plus basse. La correction à faire est de $0^m,626$ pour chaque degré centigrade, quantité à ajouter si la température s'élève, à retrancher si au contraire elle s'abaisse.

En discutant les conditions des diverses expériences plus haut mentionnées, M. Le Roux a calculé le tableau suivant de la vitesse du son à 0° :

```
1738 Académie des sciences............  332ᵐ00
1811 Benzenberg........................  332 33
```

est la vitesse du son, h la pression atmosphérique, qui mesure l'élasticité de l'air, d la densité de l'air, et g l'intensité de la force de la pesanteur. Pour une pression constante de $0^m 76$, la densité varie avec la température t et alors la formule devient, si l'on remplace g et h par leurs valeurs numériques :

$$V = 279^m \sqrt{1 + 0,00366\, t}.$$

Cette formule est d'ailleurs incomplète ; elle a été modifiée par Laplace, nous dirons plus loin pourquoi.

1821 Goldingham	331 10
1822 Bureau des Longitudes	330 64
1822 Stampfer et de Myrbach	332 44
1823 Moll et Van Beek	332 25
1844 Bravais et Martins	332 37

Cinq sur sept de ces séries d'expériences donnent à peu de chose près 332 mètres pour la vitesse de propagation du son. Les deux autres donnent un nombre un peu inférieur. Mais il ne faut pas oublier que les distances parcourues étaient fort inégales, que les températures observées étaient celles des points extrêmes, que, comme l'a remarqué Arago, l'influence du vent n'est pas toujours corrigée par les coups réciproques. La différence de 1^m,80 entre les résultats les plus divergents n'a donc rien d'étonnant et s'explique par les différences probables des conditions où se trouvaient les couches d'air intermédiaires traversées par le son, au moment où se firent les expériences correspondantes.

Dans toutes les expériences que nous avons rapportées, excepté celles de MM. Bravais et Martin, et de Stampfer et Myrbach, la direction du son était à fort peu près horizontale. Les vitesses du son observées se rapportent donc uniquement à cette direction. Mais le son se propageant sphériquement autour du centre d'ébranlement, conserve-t-il la même vitesse dans les directions verticales ou obliques à l'horizon? S'il en est ainsi, la propagation d'un ébranlement sonore, entre deux points d'altitude différente, doit se faire dans le même temps, soit que le son aille de haut en bas, soit qu'il marche de bas en haut. La théorie indique qu'il ne doit pas y avoir de différence. D'une station basse à une sta-

sultats précédents, était arrivé à cette conviction
que les divergences des nombres donnant la vitesse
du son à 0° et dans l'air libre privé d'humidité,
tenaient surtout à une estimation trop basse de la
température des couches aériennes réellement parcourues par l'onde sonore. Des travaux météorologiques contemporains, de Babinet, de Becquerel,
de Martins, des observations en ballon faites par
Glaisher, il résulte que la température à dès alti-
tudes différentes varie suivant une loi plus compliquée qu'on ne pensait ; que, notamment, elle atteint
à une certaine distance, pendant la nuit, un ou plusieurs maximum. De là, la pensée que ce savant
physicien a réalisée en partie, d'instituer des expériences où l'on pût se mettre à l'abri de ces causes
d'erreur.

Le principe de la méthode expérimentale de M. Le
Roux est celui-ci : placer à une distance peu considérable, deux membranes élastiques, de gutta-
percha très-mince, par exemple. Une onde sonore
qui les rencontre successivement et les ébranle,
détermine la rupture d'un courant électrique par-
courant un appareil d'induction dont l'étincelle vien-
dra laisser sa trace sur un chronoscope disposé à
cet effet. N'ayant pu trouver un calme atmosphérique assez parfait pour faire l'expérience à l'air
libre, il se borna au cas particulier que voici :

« Déterminer sans le secours de l'oreille, la vitesse de propagation d'un ébranlement solitaire dans
une masse gazeuse privée d'humidité, d'une température exactement connue, renfermée dans un tuyau
cylindrique dont la longueur soit parcourue en une
fraction de seconde. »

Le tuyau employé par M. Le Roux était un tuyau
en zinc recourbé sur lui-même en deux portions
égales reliées par un coude circulaire. L'air était
desséché, et sa température maintenue à 0° par de
la glace fondante contenue dans une baignoire et
entourant le tube de tous côtés. L'ébranlement sonore était produit par un choc unique d'un marteau
de bois, frappant une membrane de caoutchouc fortement tendue à l'une des extrémités du tuyau.
Après avoir parcouru toute la longueur du tube, cet
ébranlement venait mettre en mouvement la seconde
membrane tendue à l'autre extrémité. L'origine et
la fin de la propagation sonore se trouvaient enregis-
trées automatiquement, comme nous l'avons dit,
par l'électricité [1]. D'une série de 77 expériences
faites avec la précision qui caractérise les travaux
de ce savant physicien, et discutées rigoureusement,
il résulte que la vitesse du son à 0° et dans l'air sec
est de 330 mètres 66. M. Le Roux estime que toutes
les causes d'incertitude ou d'erreur réunies ne peu-

1. Indiquons encore comment M. Le Roux notait le
temps et mesurait la durée de la propagation. Le chronoscope imaginé par lui était extrêmement ingénieux. C'était
une règle disposée verticalement en repos, puis abandonnée librement à l'action de la pesanteur. Cette règle était
recouverte sur une partie convenable de sa surface, d'une
feuille d'argent ou de métal argenté, préalablement soumise
à l'action de la vapeur d'iode. Pendant le temps de la chute
de la règle, avait lieu le choc du marteau sur la membrane
de départ, puis la propagation de l'onde et son arrivée à
l'autre membrane au bout du tuyau. Les étincelles qui écla-
taient aux instants précis de l'origine et de la fin de l'ébranlement, laissaient leurs traces en deux points de la surface
de la règle. La distance de ces points permettait de calculer
l'intervalle de temps qui, d'après la loi de la chute des corps,
s'était écoulé entre ces instants. Ainsi la durée du phénomène se trouvait mesurée.

vent produire une différence de plus de 20 centimètres sur ce résultat, nombre presque identique avec
celui qu'ont donné en 1822 les expériences du Bureau des longitudes.

Tandis que M. Le Roux se préoccupait de mesurer la vitesse du son dans des conditions parfaitement définies et en se mettant à l'abri des causes
d'influence de nature à modifier cette vitesse,
M. Regnault cherchait à varier au contraire de
toutes les façons possibles ses expériences, afin de
déterminer ces influences mêmes. Donnons, d'après
le résumé du savant académicien, une idée des principaux résultats auxquels il est parvenu. De cette
façon, le lecteur aura une analyse complète des travaux effectués sur ce point particulier de la science
du son.

Quand Newton, Lagrange, Euler cherchèrent une
formule qui exprimât la vitesse des ondes sonores,
ils supposèrent que le milieu fluide véhicule du son,
était un gaz *parfait*, doué d'une élasticité qui n'était
pas altérée par les corps ambiants, que les changements dus aux variations de la pression suivaient rigoureusement la loi de Mariotte; que les ondes sonores enfin se propageaient sans qu'il y eût transport
des masses gazeuses. On a vu que le nombre donnant la vitesse théorique du son dans ces hypothèses
est notablement inférieur à la vitesse observée (environ de $\frac{1}{6}$), et l'on crut d'abord que la différence provenait des causes d'erreur inhérentes aux procédés
d'observation. Laplace en trouva la raison ailleurs.
Il fit voir que les condensations successives de l'air
produisaient un dégagement de chaleur sur le parcours des ondes, que l'élasticité était par suite aug-

mentée [1], et que la vitesse théorique du son était réellement plus grande que ne l'avaient trouvé Newton et ses successeurs. De là, une formule plus complète, plus vraie, mais toujours calculée cependant dans l'hypothèse d'un gaz parfait.

Or, ces conditions d'élasticité parfaite des gaz n'existent pas réellement. Ainsi, on sait (M. Regnault l'avait prouvé il y a longtemps) que tous les gaz s'écartent plus ou moins de la loi de Mariotte; il en est de même des autres conditions, comme les récentes expériences du même savant l'ont prouvé. Sa formule diffère donc de celle de Newton modifiée par Laplace. Il restait donc à vérifier par des expériences convenablement instituées, l'influence de chacune de ces infractions à l'ancienne hypothèse théorique sur la vitesse réelle des ondes sonores.

M. Regnault s'est d'abord occupé de l'étude de la propagation du son dans des tuyaux cylindriques rectilignes.

D'après la formule de Laplace, la vitesse du son est indépendante de l'intensité. Il n'en est point ainsi dans la formule plus complète donnée par M. Regnault; elle est au contraire d'autant plus grande que l'intensité est plus considérable. En ou-

---

1. Tyndall prouve fort bien dans son bel ouvrage *Le Son* que les dilatations dont chaque condensation est suivie ne compensent point, par le refroidissement qui les accompagne, l'effet des dégagements de chaleur; qu'au contraire, elles contribuent de la même manière à accélérer la vitesse de propagation des ondes. Pour ces développements théoriques, que nous voulions indiquer seulement, nous renvoyons à son ouvrage ainsi qu'aux traités d'acoustique mathématique. Nous craignons déjà d'avoir dépassé les imites d'un exposé élémentaire et tout expérimental.

tre, on admettait que dans un tuyau cylindrique rectiligne, l'intensité devait se conserver indéfiniment la même. Or, les expériences de M. Regnault prouvent qu'il n'en est rien, que l'intensité va en s'affaiblissant d'une façon continue, d'autant plus que le diamètre du tuyau est plus petit, ce qu'il attribue principalement à la réaction des parois élastiques du tuyau [1]. En effet, un coup de pistolet chargé avec un gramme de poudre donne un son qui n'est plus perçu par l'oreille quand il a parcouru :

1150 mètres dans un tuyau de 108 millimètres de diamètre
3810 — — 300 —
9540 — — 1100 —

Ceci montre à la fois que l'intensité n'est pas constante et que l'affaiblissement du son est plus grand dans les tuyaux de petit diamètre. Or, la vitesse du son est loin aussi d'y être la même. Réduite à 0° et à l'air sec, cette vitesse varie :

De 330^m,99 à 327^m,52 pour des chemins parcourus de 566^m,7 à 2833^m,7, quand la charge de poudre était de 3 décigrammes;

De 329^m,95 à 326^m,77 pour des chemins de 1351^m,95 à 4055^m,85, la charge étant de 4 décigrammes. Ces vitesses sont relatives à la propagation de l'onde sonore dans le tuyau le plus petit, de 108^{mm} de diamètre. Voici maintenant les vitesses égale-

1. M. Regnault dit à ce sujet, que dans le trajet de l'onde sonore à l'intérieur de l'égout St.-Michel, on entendait *au dehors* un son très-fort au moment du passage de l'onde, en quelque point de la ligne qu'on se plaçât. « Une portion notable de la force vive, dit-il, se dépense donc au dehors. »

ment variables, dans les deux autres tuyaux, selon la longueur des chemins parcourus :.

Tuyau de {	de 332m. 37 à 330m 34 pour des chemins de 1905m à 3810m
300mm {	de 330m 43 à 328m 96　　　　　—　　　　　7620m à 15240m
Tuyau de {	de 334m 16 à 331m 24　　　　　—　　　　　749m à 5672m
1100mm {	de 330m 87 à 330m 52,　　　　　—　　　　　8508m à 19851m

Plus les vitesses sont prises près du point de départ, plus elles sont grandes, mais les chiffres qui précèdent montrent aussi bien l'influence des diamètres des tuyaux [1]. M. Regnault croit que l'action des parois sur la propagation du son était déjà très-petite dans les tuyaux du plus grand diamètre, 1m,10. Il pense qu'on peut regarder dans ce cas cette influence comme nulle, et qu'alors, la vitesse est à fort peu près celle du son à l'air libre. Il conclut donc de ses nombreuses expériences :

« Que la vitesse moyenne de propagation dans l'air sec et à zéro, d'une onde produite par un coup de pistolet, et comptée depuis la bouche de l'arme jusqu'au moment où elle s'est tellement affaiblie, qu'elle ne fait plus marcher les membranes les plus. sensibles, est 330m,6. »

Ce nombre, comme on le voit, est presque identique à celui qu'avait trouvé M. Le Roux; il est donc permis de le considérer comme exact, d'autant plus

---

1. « Il est probable, ajoute-t-il, que la nature de la paroi, que son poli plus ou moins parfait exerce une influence sur ce phénomène. Je citerai un fait qui en donne la preuve : dans les égouts de Paris en grande section, on prévient ordinairement les ouvriers par le son de la trompette ; or, on a reconnu que ces signaux portent incomparablement plus loin dans les galeries dont les parois sont recouvertes d'un ciment bien lisse, que dans celles où elles sont formées par de la meulière brute. »

que des expériences faites par M. Regnault, d'après la méthode des coups de canon réciproques, lui ont donné 330^m,7 pour un parcours total de 2445 mètres. Ajoutons que le savant physicien a vérifié directement la loi d'après laquelle la vitesse du son est indépendante de la pression.

Les expériences de M. Regnault ont fait voir que la vitesse du son, au moins dans les colonnes gazeuses limitées par des cylindres de petit diamètre, n'est pas indépendante de l'intensité de l'onde sonore. Mais une autre qualité du son, c'est-à-dire sa hauteur, son plus ou moins de gravité ou d'acuité ne paraît avoir sur cette vitesse aucune influence. C'est une expérience que tout le monde peut faire d'ailleurs en écoutant de loin un air, un chant musical, ou mieux encore un concert d'instruments ou de voix. Les sons, en pareille circonstance, sont liés les uns aux autres par des rapports rigoureusement constants, dans la mélodie par le rhythme et la mesure, dans l'harmonie par leur concomitance. Or, l'expérience prouve que ni les mélodies ni les accords ne sont altérés par l'audition à distance, ce qui arriverait nécessairement si les sons se propageaient avec une vitesse différente, selon leur hauteur. Du reste, Biot, dans ses expériences sur la vitesse du son dans la fonte de fer, rapportées plus loin, a vérifié ce fait pour une distance de près d'un kilomètre. « Pour savoir, dit-il, si les sons graves ou aigus, forts ou faibles, se propageaient avec une égale vitesse, ou s'il y avait entre eux, sous ce rapport, quelque différence, je fis jouer des airs de flûte, à une des extrémités du tuyau. On sait qu'en général un chant musical est assujetti à une certaine mesure qui règle très-exac-

tement l'intervalle des sons successifs. Par conséquent, si quelques-uns des sons s'étaient propagés
plus rapidement ou plus lentement que les autres,
lorsqu'ils seraient parvenus à mon oreille, ils se
seraient trouvés confondus avec ceux qui les précé-
daient ou qui les suivaient dans l'ordre du chant, et
le chant ainsi entendu aurait paru tout à fait altéré.
Au lieu de cela, il était parfaitement régulier, et
conforme à sa mesure naturelle ; d'où il résulte que
tous les sons se propagent avec une vitesse égale.
Cette remarque avait déjà été faite en 1738 par les
membres de l'Académie des sciences ; j'ignore au
moyen de quel procédé. »

M. Regnault a aussi constaté un phénomène dont
n'avaient pas tenu compte les physiciens qui avaient
avant lui mesuré la vitesse du son dans l'air. Nous
voulons parler d'un mouvement de transport des
couches aériennes, lequel augmente la vitesse de
propagation. « Par suite de ce transport, dit-il, et
de sa grande intensité, l'onde doit marcher plus
vite, surtout suivant la ligne de tir, dans les premières parties du parcours que dans les suivantes.
Mais cette accélération s'éteint très-vite et devient
à peu près insensible, quand l'onde parcourt de
grandes distances. » Ce mouvement de transport
avait été observé par M. Biot, mais non à l'air libre,
quand il fit les expériences rapportées plus haut.
« Dans la colonne cylindrique sur laquelle je faisais
mes expériences, des coups de pistolet tirés à une
des extrémités occasionnaient encore à l'autre une
explosion considérable, lorsque l'ébranlement y arrivait. L'air était chassé du dernier tuyau avec assez
de force pour produire sur la main un vent impé-

tueux, pour lancer à plus d'un demi-mètre de distance des corps légers que l'on plaçait sur sa direction, et pour éteindre des bougies allumées; quoique l'on fût à 951 mètres de distance du lieu où le coup était parti deux secondes et demie auparavant. »

La vitesse du son dans les gaz autres que l'air se calcule théoriquement, d'après une loi assez simple, que nous ne pouvons rapporter ici. On la mesure aussi expérimentalement par la méthode dite des vibrations, en se servant des tuyaux sonores. Voici quelques résultats obtenus de cette dernière façon par M. Wertheim :

Gaz	Vitesse du son à 0°.
Air...........................	333^m
Acide carbonique.................	262
Oxygène	317
Hydrogène......................	1270
Oxyde de carbone................	337
Ammoniaque....................	407

M. Regnault a pu mesurer directement la vitesse du son dans quelques gaz, dont il remplissait deux conduites l'une de 567^{m}4, l'autre de 70^{m}5 de longueur. Il a trouvé ainsi 1257 mètres pour l'hydrogène, vitesse égale à 3,801 fois celle du son dans l'air ; 279 mètres pour l'acide carbonique, 406 mètres pour l'ammoniaque.

§ 4. Mesure des distances par la vitesse du son dans l'air.

Prenons maintenant le nombre 330^m,6 pour la vitesse du son dans l'air libre et sec, à 0°, et déduisons-en les valeurs approchées de cette vitesse à des températures différentes au-dessus et au-dessous de 0°. On a vu qu'il suffit, pour passer d'un degré à l'autre, au-dessus ou au-dessous, d'augmenter ou de diminuer la vitesse du nombre sensiblement constant 0m,626. Voici le tableau qui en résulte :

Vitesses du son dans l'air libre.

TEMPÉRATURES en degrés centigrades.	VITESSE par seconde en mètres.	TEMPÉRATURES en degrés centigrades.	VITESSE par seconde en mètres.
— 20°	318.10	+ 11°	337.53
— 15°	321.25	12°	338.16
— 14°	321.88	13°	338.79
— 13°	322.41	14°	339.42
— 12°	323.04	15°	340.05
— 11°	323.67	16°	340.68
— 10°	324.30	17°	341.31
— 9°	324.93	18°	341.94
— 8°	325.56	19°	342.57
— 7°	326.19	20°	343.20
— 6°	326.82	21°	343.83
— 5°	327.45	22°	344.46
— 4°	328.08	23°	345.09
— 3°	328.71	24°	345.72
— 2°	329.34	25°	346.35
— 1°	329.97	26°	346.98
0°	330m60	27°	347.61
+ 1°	331.23	28°	348.24
2°	331.86	29°	348.87
3°	332.49	30°	349.50
4°	333.12	31°	350.13
5°	333.75	32°	350.76
6°	334.38	33°	351.39
7°	335.01	34°	352.02
8°	335.64	35°	352.65
9°	336.27	40°	355.80
10°	336.90	50°	362.10

La connaissance de ces nombres peut servir à mesurer rapidement, avec une certaine approximation, la distance de deux points, quand aucun obstacle ne gêne la vue dans l'intervalle qui les sépare.

Par exemple, on aperçoit au loin, dans la campagne, un chasseur qui tire un coup de fusil. Si, avec
une montre à secondes, on compte le temps qui s'é-
coule entre la vue du feu de l'arme et l'arrivée de la
détonation, une simple multiplication permettra de
calculer la distance qui sépare le témoin du chasseur. Il est nécessaire alors d'avoir en poche un thermomètre pour connaître la température. A la rigueur,
il faudrait que le chasseur lui-même fût muni d'un
thermomètre; et il serait préférable encore qu'il pût
aussi observer et entendre un coup de feu tiré par
le premier observateur. A défaut de toutes ces ressources qui peuvent manquer en partie, on procède
par évaluation approximative. Les voyageurs, les
marins, les soldats en campagne peuvent utilement
tirer parti de cette manière expéditive de mesurer
les distances. Voici, d'après M. Radau (*Acoustique*,
p. 99), quelques détails sur l'emploi qu'a fait de cette
méthode notre savant compatriote M. d'Abbadie,
dans son long séjour en Éthiopie : « Dans l'île de
Mocawa, pendant le ramadan ou mois de demi-
jeûne des musulmans, on tire tous les soirs, au
coucher du soleil, un coup de canon qui annonce
la rupture du jeûne. M. Antoine d'Abbadie en pro-
fita pour observer le temps qui se passait entre
l'éclair et l'arrivée du son au rivage opposé. Il prit
station sur une colline près du village d'Omkullu,
sur la terre ferme, et y attendit le coup de canon
du fort Mudir. Le son lui arriva 18 secondes après
la perception de l'éclair; la distance était donc de
6,440 mètres [1]. » Une autre fois, M. d'Abbadie me-

1. Ceci suppose une température de 43° centigrades : la
vitesse du son est alors de 357m 7 par seconde. Il reste à

sura, par le même procédé, la distance de la ville d'Adoua au mont Saloda.

Voici les détails que M. Arnaud d'Abbadie donne, à la date du 15 août 1840, sur cette application de la physique à la géodésie :

« Aujourd'hui, nous avons fait des expériences pour mesurer par la vitesse du son, la distance du sommet du mont Saloda, près de cette ville (Adoua), jusqu'au toit de la maison de Ayta Tasfa, dans la paroisse de Maihané Alam, où est logé actuellement M. le préfet de la mission catholique d'Éthiopie. Mon frère, sur le sommet du mont et près d'une crête de rocher saillant, employait un fusil à mèche. De mon côté, je tirais avec une espingole. Des toges blanches tendues servaient de signaux. J'employais le chronomètre à pointage, et mon frère se servait du chronomètre G dont il comptait les battements. Nos coups de fusil s'entendaient très-bien : ceux de mon frère étaient distincts, mais très-faibles. Il est remarquable que, tandis que le vent allait oblique-ment vers la montagne, mon frère percevait néan-moins le son plus lentement que moi. Immédiate-ment après les six coups de fusil, nous observâmes les thermomètres sec et mouillé. » Le résultat fut que la distance cherchée était égale à 3 kilomètres.

Nous osons recommander ce moyen si rapide et si commode de mesurer les distances aux officiers et sous-officiers de notre armée. Même sans ther-momètre et sans montre à secondes, on peut arriver avec un peu d'habitude, d'une part à compter les

savoir s'il y a eu une correction provenant de l'influence du vent.

secondes, d'autre part à évaluer la température avec une approximation qui peut suffire. La lumière qui s'échappe de la bouche d'une arme à feu se voit mal, il est vrai, le jour par un temps clair; mais, pour peu qu'il fasse nuit ou seulement un temps un peu sombre, l'éclair peut être visible; à défaut de l'éclair, on peut observer la fumée. Prenons un exemple : une batterie ennemie tire un coup de canon, et l'on compte, entre l'éclair et le bruit, à peu près 15 secondes; l'officier qui observe suppose une température de 12°. La distance calculée se trouve évaluée à 338^m × 15, c'est-à-dire 5070 mètres. A ce moment, supposons que la température marquée par le thermomètre fût réellement 10°, et qu'une montre à secondes aurait donné 14^s 5; la distance est donc en réalité 336^m × 14. 5 ou 4885^m. L'erreur est de 185 mètres, environ 1/26 de la distance vraie; c'est là une inexactitude bien supportable dans la circonstance. On voit, du reste, que la portion de l'erreur la plus considérable est celle qui peut provenir de l'évaluation du temps. Mais une montre à secondes, un thermomètre de poche ne sont pas des objets si rares, qu'on ne puisse souvent se servir de la méthode précédente avec une certaine chance d'exactitude.

On peut de la même façon mesurer la distance où se trouve de nous une nuée orageuse, d'où nous voyons jaillir des éclairs suivis de coups de tonnerre. En effet, l'instant où l'on voit le sillon lumineux, où éclate la gigantesque étincelle, est aussi celui où la détonation se fait dans la nuée. En comptant le nombre de secondes qui s'écoule entre l'éclair et le bruit du tonnerre, et multipliant ce nombre par la vitesse du son (340^m à 350^m pour des températures comprises entre $15°$ et $30°$) on a la distance de l'œil au nuage orageux. Quand la foudre tombe à une faible distance du spectateur, le coup succède presque instantanément à l'éclair; qui serait frappé n'aurait pas le temps de distinguer l'un de l'autre. Il résulte de là que l'*éclair vu* n'est plus dangereux, et que les personnes craintives peuvent se rassurer à la vue de l'étincelle et attendre tranquillement le coup de tonnerre. Il est vrai aussi que cela ne suffit pas pour les rassurer sur les coups à venir.

En moyenne, il faut compter de 2 à 3 secondes par chaque kilomètre de distance, 28 à 29 secondes correspondant à 1 myriamètre ou deux lieues et demie.

De la différence qui existe entre les vitesses de la lumière, du son et des projectiles, résultent des conséquences singulières. Ainsi le soldat frappé par un boulet de canon peut voir le feu qui sort de la bouche de l'arme, mais il n'entend pas la détonation, parce que la vitesse du son est moindre que celle du boulet; mais, s'il est frappé à une grande distance, la résistance de l'air diminuant de plus en plus la vitesse du projectile, il peut arriver qu'il voie la lumière, puis entende le coup avant d'être atteint.

« Si des soldats rangés en cercle, dit Tyndall, déchargent leurs fusils au même instant, pour une personne placée au centre du cercle, toutes les décharges n'en feront qu'une. Mais si les hommes sont placés sur une ligne droite, un observateur placé sur la même ligne, au-delà de l'une des extrémités de la rangée, entendra, au lieu d'un son unique, un roulement plus ou moins prolongé. La décharge de la foudre sur les divers points d'un nuage de très-grande longueur peut, de cette manière, produire le roulement prolongé du tonnerre... Une longue file de soldats s'avançant musique en tête, sur une grande route, ne peuvent pas marcher en cadence ou au pas, parce que les notes musicales n'arrivent pas simultanément à l'oreille des soldats placés en avant et en arrière. » (*Le Son.*)

§ 5. — De la vitesse du son dans les liquides.

On a vu que le son se propage dans l'eau et en général dans les liquides comme dans l'air; mais la vitesse de propagation est alors beaucoup plus grande. Laplace en a trouvé la valeur par la théorie, valeur qui dépend à la fois de la densité du liquide et de sa compressibilité. D'après lui, la vitesse du son dans l'eau de pluie doit être 4 1/2 fois, et dans l'eau de mer 4 fois 7/10 aussi grande que celle du son dans l'air.

Les premières expériences sur ce sujet ont été faites à Marseille par Beudant, à l'aide d'un procédé tout semblable à celui qui a servi pour mesurer la vitesse du son dans l'air. Deux bateaux du port, dont la distance avait été mesurée, formaient les stations extrêmes ; et une cloche immergée près de l'un d'eux, qu'on frappait en donnant un signal visible, produisait le son qu'un plongeur écoutait à l'autre station. Beudant trouva 1500 mètres pour la vitesse de propagation en une seconde. Le nombre ne diffère pas beaucoup de celui que donnerait la formule théorique de Laplace.

Arrivons maintenant aux expériences que deúx savants français, Colladon et Sturm, ont faites en 1827 sur le lac de Genève. Voici comment ils procédèrent :

Les observateurs s'étaient postés sur deux barques, l'une amarrée à Thonon, l'autre sur la rive

Fig. 5. — Mesure de la vitesse du son dans l'eau. Station de départ.

opposée du lac. Le son était produit par le choc d'un marteau sur une cloche plongée dans l'eau, et à l'autre station, un cornet acoustique à large pavillon recevait, aussi dans l'eau, sur une feuille métallique tendue à son ouverture, le son propagé par la masse liquide. L'observateur dont l'oreille était placée à l'ouverture du cornet, était muni d'un chronomètre ou compteur donnant avec précision

Fig. 6. — Mesure de la vitesse du son dans l'eau. Station d'arrivée.

les secondes et les tractions de seconde. Il était averti de l'instant précis de la percussion de la cloche, par la lumière que produisait l'inflammation d'un tas de poudre, inflammation déterminée par l'abaissement d'une mèche liée au marteau en forme de levier. Les figures 5 et 6 font comprendre le mécanisme de cette disposition, et nous dispenseront d'une explication plus détaillée.

La distance des stations qui était de 13,487 mètres fut parcourue par le son en 9 secondes 1/4, ce qui donne 1,435 mètres pour la vitesse du son dans l'eau à la température de 8 degrés. A cette température, nous avons trouvé 335^m 64 pour la vitesse du son dans l'air libre. L'expérience montre ainsi que le son se meut 4 fois 1/4 plus vite dans l'eau douce que dans l'air.

Dans ces deux expériences, les ondes sonores se propageaient dans une masse liquide illimitée. Wertheim a montré que le son devait se mouvoir moins vite dans une colonne ou dans un filet cylindrique; la première vitesse étant égale à la seconde multipliée par le nombre 1,225. Des expériences très-délicates, faites par une méthode que nous ne pouvons décrire ici, lui ont donné les résultats suivants :

Vitesse du son.

	Tempér.	Dans un filet liquide.	Dans une masse illimitée.
Eau de Seine....	15°	1173^m	1437^m
α	30°	1251	1528
α	60°	1408	1725
Eau de Mer......	20°	1187	1454
Alcool ordinaire à 36°	20°	1050	1286
Ether sulfurique..	0°	946	1159

Dans un même liquide, comme dans l'air, la vitesse du son augmente avec la température.

§ 6. — Vitesse du son dans les solides.

Déjà plus grande dans les liquides que dans l'air et les autres gaz, la vitesse du son est encore plus considérable dans les milieux solides. Les premières tentatives pour déterminer cette dernière ont été faites, croyons-nous, par Hassenfratz. Voici ce qu'en dit Haüy dans son *Traité de physique* :

« Hassenfratz étant descendu dans une des carrières situées au-dessous de Paris, chargea quelqu'un de frapper avec un marteau contre une masse de pierre qui forme le mur d'une des galeries pratiquées au milieu des carrières. Pendant ce temps, il s'éloignait peu à peu du point où la percussion avait lieu, en appliquant une oreille contre la masse de pierre ; bientôt il distingua deux sons, dont l'un était transmis par la pierre, et l'autre par l'air. Le premier arrivait à l'oreille beaucoup plus tôt que l'autre ; mais il s'affaiblissait aussi beaucoup plus rapidement, à mesure que l'observateur s'éloignait, en sorte qu'il cessa d'être entendu à la distance de cent trente-quatre pas, tandis que celui auquel l'air servait de véhicule ne s'éteignit qu'à la distance de quatre cents pas.

« Des corps de diverses natures, tels que des barrières de bois et des suites de barres de fer disposées sur une longueur plus ou moins considérable, ont donné des résultats analogues, avec cette différence, que le son propagé par le bois parcourait un beaucoup plus grand intervalle que le son transmis par l'air, avant d'arriver au terme où il devenait nul pour l'oreille, ce qui était l'effet inverse de celui qu'avait offert la comparaison de l'air avec la pierre. Le même physicien a remarqué de plus que non-seulement la transmission du son à travers les corps solides est en général plus rapide que celle qui a lieu par l'intermède de l'air, mais qu'elle se fait dans un temps inappréciable, du moins relative- ment aux distances auxquelles ses expériences ont été limitées, et dont la plus grande était de deux cent dix pas. »

Biot fit des expériences analogues, mais sur une longueur plus considérable et avec des moyens plus précis. Il utilisa la longue colonne de tuyaux de fonte destinée à porter les eaux de la Seine de Marly à l'aqueduc de Luciennes. 376 tuyaux formaient ainsi une longueur totale de 951^{m}2. Voici comment ce savant a décrit lui-même son expérience : « On adaptait à l'un des orifices de ce canal, un anneau de fer de même diamètre que lui, portant à son centre un timbre et un marteau que l'on pouvait laisser tomber à volonté. Le marteau, en frappant sur le timbre, frappait aussi le tuyau, avec le- quel il était en communication par le contact de l'anneau de fer. Ainsi, en se plaçant à l'autre extré- mité de la ligne on devait entendre deux sons, l'un transmis par le métal du tuyau, l'autre par l'air. En effet, on les entendait fort distinctement en appli- quant l'oreille contre les tuyaux et même sans l'y appliquer. Le premier son, plus rapide, était trans- mis par le corps des tuyaux, le second par l'air. Des coups de marteau frappés sur le dernier tuyau produisaient aussi cette double transmission. On observait soigneusement, avec des chronomètres à demi-secondes, l'intervalle de deux sons transmis. J'ai trouvé par ces expériences que le son se transmettait 10 fois $\frac{1}{2}$ aussi vite par le métal que par l'air. » En effet, il y eut un intervalle de 2ˢ53 entre les deux sons transmis : la vitesse du son dans l'air étant 340ᵐ03. Mais il faut remarquer que la conduite étant formée de plusieurs centaines de tuyaux joints par des rondelles de matières différentes, ce nombre ne pouvait donner exactement la vitesse du son dans la fonte.

La vitesse du son dans les solides peut se calculer directement par des considérations théoriques comme la vitesse dans les liquides, soit en cherchant le coefficient d'élasticité du corps, soit par la méthode dite des vibrations. Par la première méthode, Laplace avait trouvé que la vitesse du son dans le laiton était 10 fois $\frac{1}{2}$ la vitesse dans l'air. Par la seconde méthode, Chladni a calculé cette vitesse dans divers métaux, dans le verre et un grand nombre d'espèces de bois. Depuis, Wertheim a déterminé cette valeur dans un grand nombre de corps solides. Nous donnons plus loin un tableau de quelques-uns des résultats ainsi obtenus.

Mais quelques mesures ont été aussi faites directement. C'est ainsi qu'en 1851, Wertheim et Bréguet ont mesuré la vitesse du son sur les fils de fer télégraphiques du chemin de fer de Versailles (ligne droite). La longueur de 4067ᵐ2 fut parcourue par le son en 1ˢ2, ce qui correspond à une vitesse par seconde de 3,485 mètres. Ce n'est guère plus que 10 fois la vitesse du son dans l'air ; or, le procédé de Chladni indiquait une vitesse plus de 16 fois aussi grande, et la méthode des vibrations eût donné 4,634 mètres, c'est-à-dire 14 fois. On ignore la cause de ces anomalies.

Terminons par le tableau de quelques nombres empruntés à Chladni et à Wertheim, donnant les vitesses du son dans un certain nombre de corps solides, celle de l'air étant prise pour unité : les trois dernières colonnes donnent cette vitesse en mètres à diverses températures [1]. La température a donc aussi une influence sur la vitesse du son dans les métaux, mais, à l'inverse de ce qui arrive pour les liquides et les gaz, l'accroissement de chaleur diminue la vitesse, sauf pour le fer entre 20° et 100°. C'est que la chaleur diminue en général l'élasticité des métaux, tandis qu'elle augmente celle des liquides et des gaz. L'exception du fer tient probablement à une structure moléculaire spéciale et ce qui paraît le prouver, c'est que les fers de diverses provenances, les fils de fer ou d'acier, l'acier fondu ne se comportent pas de la même manière à ce point de vue.

Dans les bois, l'élasticité varie selon la direction des fibres ligneuses ou des couches : elle est beaucoup plus grande dans le sens des fibres que dans le sens perpendiculaire, et dans ce dernier sens, elle est plus grande dans une direction transversale aux couches que suivant les couches mêmes. Il en est de même pour la vitesse du son, ainsi que le montre notre tableau : c'est à Wertheim que sont dues les délicates expériences qui ont révélé ces faits.

---

1. Les nombres des deux premières colonnes sont les vitesses exprimées ainsi ; les autres colonnes donnent les valeurs de ces vitesses en mètres.

Vitesse du son dans divers corps solides.

	D'après CHLADNI.	D'après WERTHEIM.	à 20°.	à 100°.	à 200°.
Plomb............	»	4,0	1230ᵐ	1200ᵐ	»
Or	»	6.4	1740	1720	1735ᵐ
Etain	7.5	7.5	2550	»	»
Argent........	9.0	8.0	2710	2640	2480
Platine.......	»	8.5	2690	2570	2460
Cuivre	»	11.2	3560	3290	2950
Zinc..........	»	11.0	3740	»	»
Fer...........	16.6	15.4	5130	5300	4720
Acier fondu...	16.6	15.0	4990	4925	4790
Fil de fer.....	»	15.5	4920	5100	»
Fil d'acier....	»	15.0	4880	5000	»

Vitesse du son dans différents bois.

	Suivant les fibres.	Transversale aux couches.	Suivant les couches.
Sapin........	4640ᵐ	1335ᵐ	784ᵐ
Hêtre........	3340	1840	1415
Chêne.......	3850	1535	1290
Peuplier.....	4280	1400	1050

Vitesse du son dans quelques autres solides.

Verre à glaces............... 16 ou 5440ᵐ
Verre à tubes............... 12 — 4080

On voit en résumé que de toutes les substances connues qui peuvent servir de véhicules au son, celles dans lesquelles il se propage avec le plus de rapidité sont l'hydrogène parmi les gaz, l'eau de mer dans les liquides naturels, le fer parmi les mé-

taux, le verre et le bois de sapin parmi les solides.
C'est ce dernier qui l'emporterait sur tous, si l'on
adoptait le nombre de Chladni qui considère la vitesse du son dans le sapin comme atteignant jusqu'à
18 fois celle du son dans l'air. D'après nos tableaux,
c'est le fer qui est au premier rang des solides sous
ce rapport.

CHAPITRE III

RÉFLEXION ET RÉFRACTION SONORES

§ 1. — **Echos et résonnances.** — Écho simple et écho multiple ; explication de ces phénomènes. — Lois de la réflexion du son ; vérification expérimentale. — Phénomènes de réflexion à la surface des voûtes elliptiques. — Expériences qui prouvent la réfraction des rayons sonores.

Nous savons que la lumière et la chaleur se propagent à la fois directement par rayonnement, et indirectement par réflexion. De plus, quand la propagation s'effectue dans des milieux dont la constitution moléculaire et la densité diffèrent, la direction des ondes lumineuses et calorifiques subit une déviation particulière connue par les physiciens sous le nom de réfraction.

Les mêmes phénomènes de réflexion et de réfraction existent pour le son, comme pour la chaleur et la lumière, et suivent à peu près les mêmes lois.

Que le son se réfléchisse, quand, se propageant dans l'air ou dans un autre milieu, il vient à ren-

contrer un obstacle, c'est ce dont tout le monde
peut s'assurer par des observations familières. Les
échos et les résonnances sont, en effet, des phénomènes dus à la réflexion du son. Quand on se
trouve dans une chambre dont les dimensions sont
suffisamment grandes, et dont· les murs ne sont
point garnis d'objets qui étouffent le son, la voix s'y
trouve renforcée, et le bruit des pas ou celui qui
résulte du choc de corps sonores retentit avec une
très-grande intensité. Dans une salle encore plus
grande les paroles sont comme doublées, ce qui les
rend souvent confuses et difficiles à percevoir nettement. Ce renforcement des sons, dû à la réflexion
sur les murailles, est ce qu'on nomme la *résonnance*.

Si la distance de l'observateur à la paroi réfléchissante dépasse 20 mètres, il perçoit nettement une
seconde fois chacune des syllabes qu'il prononce ;
c'est le phénomène de l'*écho simple* [1]. Enfin, quand
chaque syllabe est répétée deux ou plusieurs fois,
c'est un *écho multiple*.

On va comprendre quelles sont les raisons physiques de ces divers phénomènes.

Quelque brève que soit la durée d'un son, la sensation qu'il provoque dans l'oreille de l'auditeur
persiste un certain temps, environ 1/10 de seconde.
Pendant ce temps, le son parcourt à peu près 34 mètres, de sorte que si la distance AO de l'observateur au mur qui réfléchit le son (*fig.* 7) est moindre de 17 mètres, la syllabe qu'il a prononcée a le
temps d'aller et de revenir à son oreille avant que

---

1. *Echo*, du grec ἦχος, son.

la sensation soit entièrement épuisée. Le son réfléchi se mêlera donc à celui qu'il perçoit directement; et comme une multitude de réflexions par-

Fig. 7. — Réflexion du son; écho ou résonnance.

tielles émaneront simultanément de points inégalement distants, il en résultera un bourdonnement confus, ce que nous venons de nommer une résonnance. La même explication s'applique évidemment au cas de deux ou plusieurs personnes occupant la même salle et parlant soit isolément soit ensemble; la confusion qui en résultera sera d'autant plus grande que chaque orateur parlera avec plus de rapidité.

Si maintenant la distance OA surpasse 17 mètres, quand le son de la syllabe prononcée revient à l'oreille par réflexion, la sensation est terminée, et l'on entend une répétition plus ou moins affaiblie du son direct. Il y a écho. Plus la distance sera grande, plus le nombre des syllabes ou des sons distincts ainsi répétés sera considérable. Par exemple, supposons que cette distance soit de 180 mètres, et que, dans une seconde, l'observateur prononce quatre syllabes, les mots : *répondez-moi*. Pour aller à la surface réfléchissante et revenir, le son met un peu plus d'une seconde ; la sensation directe est passée et l'oreille entend une seconde fois et distinctement *répondez-moi*. Voilà pour l'écho simple, qui dans ce cas est *polysyllabique*.

L'écho multiple a lieu entre des surfaces réfléchissantes parallèles suffisamment éloignées. Dans ce cas, le son réfléchi par l'une d'elles va se réfléchir une seconde fois sur l'autre, et ainsi de suite ; mais il est clair que, par ces réflexions successives, les sons s'affaiblissent de plus en plus. Les édifices, les rochers, les masses d'arbres, les nuages mêmes produisent le phénomène de l'écho.

§ 2. — Echos remarquables.

On cite, parmi les échos les plus remarquables, l'écho multiple du château de Simonetta, en Italie, qui répète jusqu'à quarante fois le mot prononcé entre les deux ailes parallèles de l'édifice.

Dans le parc de Woodstock, en Angleterre, il y avait un écho qui, suivant le docteur Plott, répétait distinctement dix-sept syllabes le jour, et vingt syllabes la nuit. La même particularité se trouvait encore plus prononcée dans l'écho d'Ormesson, village de la vallée de Montmorency ; cet écho, d'après Mersenne, répétait la nuit jusqu'à quatorze syllabes, tandis que le jour, il n'en donnait que sept. Ces faits nous paraissent difficiles à expliquer par l'influence du calme de la nuit sur l'intensité du son, puisqu'il s'agit d'échos simples, polysyllabiques, il est vrai, mais non multiples. La véritable cause ne viendrait-elle pas de ce que la nuit la température plus basse diminue la vitesse du son, ce qui équivaut à un accroissement dans la distance de la surface réfléchissante? Cela peut, en tout cas, y contribuer. « Il y a un écho remarquable près de Rosneath, belle maison de campagne en Ecosse, à l'ouest d'un lac d'eau salée qui se perd dans la rivière de Clyde, à 17 milles au-dessous de Glascow : ce lac est environné de collines dont quelques-unes sont des rochers arides; les autres sont couvertes de bois. Un trompette habile, placé sur une pointe de terre que l'eau laisse à découvert, tourné au nord, a sonné un air et s'est arrêté : aussitôt un écho a repris l'air qu'il a répété distinctement et fidèlement, mais d'un ton plus bas que la trompette : cet écho ayant cessé, un autre d'un ton plus bas a répété le même air avec la même exactitude; le second a été suivi d'un troisième qui a été aussi fidèle que les deux autres, à l'exception d'un ton plus bas encore, et l'on n'a plus rien entendu; on a répété plusieurs fois la même expérience, qui a toujours été également heureuse. « (*Suppl. à l'Encyclopédie.*)

Les réflexions multiples s'expliquent fort bien, comme nous l'avons dit plus haut, ainsi que l'affaiblissement de l'intensité du son qui en est la conséquence. Quant au changement de ton, c'est une singularité dont il est plus difficile de rendre compte. D'Alembert, en énumérant les conditions de production des échos, indique en ces termes la solution de la question : « Enfin, dit-il, on peut disposer les corps qui font *écho*, de façon qu'un seul fasse entendre plusieurs *échos* qui diffèrent tant *par rapport au degré du ton*, que par rapport à l'intensité ou à la force du son : il ne faudrait pour cela que faire rendre les échos par des corps capables de faire entendre, par exemple, la tierce, la quinte et l'octave d'une note qu'on aurait jouée sur un instrument. »

L'illustre géomètre ne s'explique pas davantage, et nous en sommes à nous demander si cette dernière condition peut être à volonté appliquée. En tout cas, la description du phénomène observé à Rosneath ne paraît pas prêter matière à équivoque. Peut-être, l'abaissement du ton n'était-il qu'une illusion due à l'affaiblissement de l'intensité.

Nous trouvons dans le *Cours de Physique* de M. Boutet de Monvel, ce fait curieux que tous les visiteurs du Panthéon peuvent vérifier. Dans un des caveaux du monument, « il suffit au gardien qui les fait visiter de donner un coup sec sur le pan de sa redingote pour faire éclater, sous ses voûtes retentissantes, un bruit presque égal à celui d'une pièce de canon. » C'est là un phénomène de résonnance et de concentration du son.

On cite dans les ouvrages anciens et modernes un grand nombre d'échos multiples, dont les effets plus ou moins surprenants eussent demandé à être vérifiés, mais qui tous s'expliquent sans difficulté par les réflexions successives du son. Tel est l'écho qui existait, dit-on, au tombeau de Métella, femme de Crassus, et qui répétait jusqu'à huit fois un vers entier de l'*Énéide*. Addison fait mention d'un écho qui répétait cinquante-six fois le bruit d'un coup de pistolet. Il était situé, comme celui de Simonetta, en Italie. L'écho de Verdun, formé par deux grosses tours distantes de 52 mètres, répétait douze ou treize fois le même mot. La grande pyramide d'Égypte contient à son intérieur des salles souterraines précédées de longs couloirs, dont l'écho répète le son jusqu'à dix fois. « Les vibrations, dit M. Jomard, répercutées coup sur coup, parcourent tous ces canaux à surfaces polies, frappent toutes ces parois, et arrivent lentement jusqu'à l'issue extérieure, affaiblies, et semblables au retentissement du tonnerre quand il commence à s'éloigner. A l'intérieur, le bruit décroît régulièrement, et son extinction graduelle, au milieu du profond silence qui règne dans ces lieux, n'excite pas moins l'attention et l'intérêt de l'observateur. » Enfin Barthius parle d'un écho situé près de Coblentz sur les bords du Rhin (entre Coblentz et Bingen, dit M. Radau, là où les eaux de la Nahe se jettent dans le Rhin), et qui répétait dix-sept fois la même syllabe : il avait cela de particulier qu'on n'entendait presque pas la personne qui parlait, tandis que les répétitions produites par l'écho formaient des sons très-distincts et avec des variations étonnantes : tantôt l'écho semblait s'approcher, tantôt il s'éloignait ; quelquefois on entendait très-distinctement le son, d'autres fois il n'était plus perceptible ; l'un n'entendait qu'une seule voix, un autre en entendait plusieurs ; l'écho était à droite pour les uns, à gauche pour les autres. Des particularités analogues se remarquaient dans un écho que décrivent les Mémoires de l'Académie des sciences pour 1692, et qui était situé à Genetay

à deux lieues de Rouen, près de l'abbaye de Saint-
Georges; cet écho se produisait dans une cour semi-
circulaire entourée de murs de même forme. D'A-
lembert donne, dans l'*Encyclopédie*, une explication fort simple des divers phénomènes décrits, qui
tous se déduisent, selon les lois de la réflexion, de
la forme circulaire de l'enceinte et des positions
respectives occupées au milieu de la cour par la
personne qui émettait les sons et par ses auditeurs.

Habitant, il y a une quinzaine d'années, les bords
de la mer sur le rivage d'Hyères, j'ai eu l'occasion
d'entendre un des plus magnifiques échos dont j'aie
jamais été témoin. Pendant toute une matinée, les détonations d'artillerie provenant d'un navire mouillé
dans la rade, se répercutaient sur les flancs des
montagnes de la côte en échos prolongés qui me
firent croire d'abord à la présence de toute une es-
cadre : on eût dit entendre les grondements du tonnerre. Une seule décharge semblait durer ainsi près
d'une minute.

Les nuages réfléchissent le son, comme les édifices, les rochers, les pierres, les arbres. C'est probablement aux réflexions successives du son, du sol
aux nuages et réciproquement, qu'est dû le roulement du tonnerre. La détonation proprement dite
qui accompagne la décharge électrique des nuées
est en effet un phénomène instantané comme l'étincelle elle-même; la durée de cette détonation est
tout au moins très-brève, bien qu'elle doive sur-
passer celle de l'éclair. On peut s'en assurer, en
remarquant qu'un coup de tonnerre paraît d'autant
plus saccadé et bref qu'il succède plus promptement
à l'éclair, c'est-à-dire qu'il éclate à une distance

moindre de l'observateur. En ce cas, les roulements qui le suivent et qui paraissent de plus en plus faibles sont évidemment des échos.

Il faut tenir compte toutefois de cette circonstance que l'éclair a une étendue assez considérable, qu'on peut évaluer quelquefois à des centaines de mètres et même à un ou deux kilomètres, qu'il affecte des contours sinueux et que ses diverses parties sont à des distances notablement différentes de l'observateur. Si l'on admet que la détonation se produise tout le long du sillon lumineux, et pour ainsi dire au même instant d'un bout à l'autre, il est évident que le son ne parviendra que successivement à l'oreille et en outre avec des intensités fort différentes. Le son peut donc paraître durer jusqu'à cinq ou six secondes, après quoi se succèdent les sons dus à la réflexion sur les nuages ou le sol, c'est-à-dire au phénomène de l'écho : c'est alors ce qui constitue le roulement du tonnerre.

D'Alembert en énumérant les corps susceptibles de réfléchir le son et de former écho, cite les *nuées* et il ajoute : « De là viennent ces coups terribles du tonnerre qui gronde, et dont les échos répétés retentissent dans l'air. »

Arago, à la fin de son rapport sur la vitesse du son, mentionne le fait que tous les coups tirés à Montlhéry y étaient accompagnés d'un roulement semblable à celui du tonnerre et qui durait de 20 à 25 secondes. Rien de pareil n'avait lieu à Villejuif. Seulement quatre fois, à moins d'une seconde d'intervalle, on entendit deux coups distincts du canon de Montlhéry. Enfin « dans deux circonstances, le bruit du canon a été accompagné d'un roulement

prolongé ; ces phénomènes n'ont jamais eu lieu
qu'au moment de l'apparition de quelques nuages ;
par un ciel complétement serein, le bruit était unique et instantané. Ne sera-t-il pas permis de conclure de là qu'à Villejuif les coups multiples du
canon de Montlhéry résultaient d'échos formés dans
les nuages, et de tirer de ce fait un argument favorable à l'explication qu'ont donnée quelques physiciens du roulement du tonnerre? »

§ 3. — Lois de la réflexion du son.

La réflexion du son suit des lois très-simples,
dont nous allons donner l'énoncé. Elles sont, comme
on le démontre rigoureusement, une conséquence
toute naturelle du mouvement vibratoire qui constitue le son, mais elles se vérifient expérimentalement
en dehors de toute hypothèse.

On nomme rayon sonore une ligne droite qui
part du centre d'ébranlement ; lorsqu'elle arrive
en contact avec une surface réfléchissante, c'est
le rayon *incident* ; et l'on appelle rayon *réfléchi*, la
ligne suivant laquelle le son est renvoyé par cette
surface dans le milieu d'où il émane. Les deux angles que les rayons incident et réfléchi font avec la
perpendiculaire ou la normale à la surface au point
d'incidence, sont les angles d'incidence et de réflexion. Ces définitions bien comprises, voici comment s'énoncent les deux lois de la réflexion du
son :

*Première loi. Le rayon sonore incident et le
rayon réfléchi sont dans un même plan avec la
normale à la surface au point d'incidence ;*

Deuxième loi. L'angle d'incidence et l'angle de réflexion sont égaux entre eux.

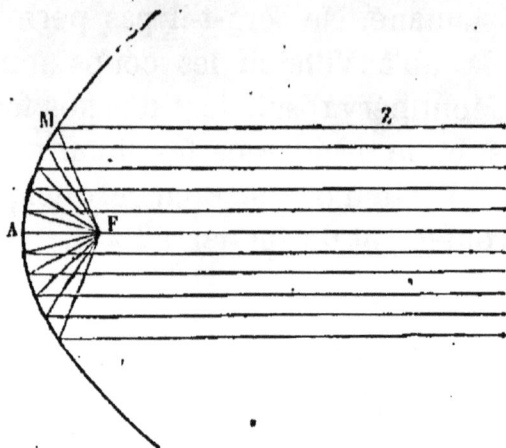

Fig. 8. — Parabole. Réflexion au foyer des rayons parallèles à l'axe.

La vérification expérimentale de ces deux lois est d'une grande simplicité. On met en regard, de façon que leurs axes coïncident, deux miroirs métalliques dont la forme est parabolique, c'est-à-dire est obtenue par la révolution autour de son axe de la courbe nommée *parabole* (fig. 8). Une telle courbe possède, près de son sommet A, un foyer F jouissant de cette propriété que toutes les lignes telles que FM, menées à des points différents de la parabole, se réfléchissent suivant les parallèles MZ à l'axe.... En un mot, les rayons partis du foyer et les parallèles à l'axe font des angles égaux avec les normales à la parabole, aux points M.... Réciproquement, si des lignes parallèles à l'axe viennent à rencontrer la parabole, elles iront se réfléchir au foyer.

Or, si l'on place une montre au foyer d'un des miroirs paraboliques, les ondes sonores provenant du tic-tac du mouvement seront renvoyées parallèlement à l'axe et iront se réfléchir, après avoir frappé la surface concave du second miroir, au foyer de celui-ci. L'observateur muni d'un tube, afin de ne point intercepter les ondes, entendra aisé-

Fig. 9. — Vérification expérimentale des lois de la réflexion du son.

ment le bruit de la montre, s'il place l'extrémité du tube au foyer du second miroir (fig. 9). Partout ailleurs le son n'est pas entendu, même par les personnes qui se placent dans l'intervalle des deux miroirs, à une faible distance de la montre.

La courbe nommée *ellipse* a deux foyers, et les rayons partis de l'un vont se réfléchir à l'autre. Les salles dont la voûte est de forme elliptique doivent donc présenter le même phénomène que le système des deux miroirs paraboliques, et c'est en effet ce que l'expérience confirme. Le Musée des Antiques

Fig. 10. — Réflexion du son à la surface d'une voûte de forme elliptique.

au Louvre possède une salle de ce genre, où deux personnes placées vers les deux extrémités opposées pourraient converser à voix basse, sans craindre l'indiscrétion des auditeurs qui se trouvent dans une position intermédiaire.

La réflexion du son est utilisée dans plusieurs instruments que nous aurons l'occasion de décrire en parlant des applications de la physique aux sciences et aux arts.

§ 4. — Réfraction du son.

Le son se propage, nous l'avons vu, par l'intermédiaire de tous les milieux élastiques, mais avec des vitesses dans chacun d'eux qui dépendent dans une certaine mesure de leur densité. Quand le son passe d'un milieu dans un autre, sa vitesse chan-

Fig. 11. — Réfraction des ondes sonores. Lentille de Soudhaus.

geant, il en résulte une déviation du rayon sonore, déviation qui rapproche ce rayon de la normale à la surface de séparation des deux milieux, si la vitesse est moindre dans le second que dans le premier. Comme la lumière éprouve une déviation semblable, qu'on a constatée par l'expérience bien avant d'en trouver la véritable explication théorique, et que le phénomène est depuis longtemps connu sous le nom de *réfraction*, on a donné à la déviation des rayons sonores le nom de *réfraction du son*. Voici comment M. Sondhaus a mis hors de doute l'existence de cette déviation.

Ayant formé avec des membranes de collodion un sac en forme de lentille, il l'emplit de gaz acide carbonique. Dans ce gaz, la vitesse du son est moindre que dans l'air. Les rayons sonores qui viennent rencontrer la surface sphérique convexe de la lentille, se réfractent en passant à travers le gaz et, sortant par la surface opposée, doivent aller converger en un point unique ou foyer. Et en effet, si l'on place une montre, par exemple, sur l'axe de cette lentille, on reconnaît qu'il y a, sur l'axe et de l'autre côté, un point où le tic-tac de la montre s'entend distinctement et mieux que partout ailleurs. Il y a donc évidemment convergence des ondes sonores vers le point de l'axe de la lentille dont il s'agit, et dès lors réfraction du son.

Une lentille biconcave qui serait remplie de gaz hydrogène permettrait de constater également le phénomène de la *réfraction* du son. On a vu en effet que la vitesse du son dans l'hydrogène est plus grande que dans l'air; les surfaces concaves de séparation des deux milieux auraient donc même effet sur la direction des rayons sonores, et les dévieraient de la même manière que la lentille convexe pleine de gaz acide carbonique.

CHAPITRE IV

---

§ 1. — Caractères propres des différents sons.

Quand deux ou plusieurs sons frappent simultanément notre oreille, ou se succèdent à des intervalles assez rapprochés pour que nous puissions les
comparer les uns aux autres, nous trouvons entre
ces sons des différences ou des ressemblances qu'on
peut rapporter à trois propriétés particulières, l'*intensité*, la *hauteur* et le *timbre*.

Un son est plus ou moins fort, plus ou moins intense, c'est-à-dire ébranle l'organe de l'ouïe avec
une énergie plus ou moins considérable. Tantôt
l'impression est si faible, qu'il nous faut une attention particulière pour la percevoir ; d'autres fois,
elle est si forte qu'elle nous cause une sensation
douloureuse ; les détonations d'artillerie occasion-
nent même fréquemment une blessure des organes
assez grave pour déterminer une surdité temporaire.
Entre ces deux extrêmes de l'intensité des sons et

des bruits, se rangent tous les degrés possibles de sensation auditive.

Mais deux sons d'égale intensité ne sont pas, pour cela, identiques. L'un peut être plus *haut*, plus *aigu* que l'autre, ou si l'on veut, ce dernier nous parait plus *bas* ou plus *grave*. Le degré d'acuité ou de gravité d'un son est ce qu'on nomme sa *hauteur*. En musique, la hauteur des sons qu'on emploie et qui composent, par leur succession ou leur simultanéité, la mélodie et l'harmonie, est soumise à des règles spéciales dont nous donnerons plus loin les principes. Tous les sons ne sont pas susceptibles de ce mode de comparaison qui permet d'en assigner la hauteur; de là, cette distinction entre le *bruit* et le *son musical*, la première de ces dénominations étant réservée aux sons dont une oreille exercée ne peut apprécier la hauteur, et la seconde à tout son régulier et continu dont la hauteur peut être mesurée, et qui forme un degré quelconque dans la suite indéfinie des sons employés en musique.

Enfin, quand deux sons ont à la fois même intensité et même hauteur, ils peuvent différer encore sous un autre point de vue : ils peuvent avoir chacun un *timbre* particulier. La définition rigoureuse du timbre exigerait qu'on en connût la cause; plus loin, nous verrons jusqu'à quel point cette définition est possible. Mais, en attendant, on en peut donner une idée par des exemples. Une flûte, un violon, un hautbois, un cor, qui jouent la même phrase musicale, par conséquent font entendre les mêmes sons avec la même intensité et la même hauteur, produisent cependant dans l'oreille une impression bien

différente. Les sons du cor sont plus pleins, plus
sonores; ceux de la flûte, plus doux, ceux du violon
et du hautbois plus mordants et plus nasillards : on
dit qu'ils diffèrent par le timbre. C'est le timbre qui
différencie en grande partie les voix [1], et nous fait
reconnaître, sans les voir, les personnes qui parlent. En quoi les différentes voyelles, simples ou
composées, les diphthongues se distinguent-elles les
unes des autres? En ceci, que le timbre varie de
l'une à l'autre.

Ces définitions posées, nous allons aborder l'étude
physique de ces trois qualités des sons : intensité,
hauteur, timbre.

§ 2. — Intensité des sons.

Il est évident que la production d'un son exige le
concours de trois éléments : d'une source sonore,
c'est-à-dire de la mise en vibration d'un corps qui
est le corps sonore proprement dit, d'un milieu susceptible de transmettre ces vibrations; enfin de l'organe de l'ouïe qui les perçoit.

De là, trois genres d'influence dont dépend l'intensité d'un son. Le volume, la forme du corps sonore
et la nature de la matière dont il est composé,
le mode d'ébranlement qu'on emploie pour le faire
entrer en vibration, l'énergie du mouvement que

---

1. Il y a d'autres causes de différences entre les voix de
personnes différentes ; il y a mille manières propres à chacun de nous, d'accentuer les longues et les brèves, de marquer le rhythme, sans compter ces légères nuances dans la
hauteur des sons qui font, même de la prose parlée, une
sorte de mélodie ou tout au moins de récitatif.

reçoivent ainsi ses molécules, sont autant de circonstances qui font varier l'amplitude des vibrations du corps et par suite, ce qu'on peut appeler l'*intensité intrinsèque* du son. Tel est le premier mode d'influence.

Mais la nature du milieu qui transmet le son, sa densité, sa température, son état de repos ou d'agitation, son étendue, c'est-à-dire la distance de l'oreille à la source sonore, sont encore autant de circonstances d'où dépend cette intensité. Là, il ne s'agit plus de l'intensité intrinsèque.

Il en est de même, si l'on fait entrer en ligne de compte le plus ou moins de sensibilité de l'oreille, c'est-à-dire de l'organe qui reçoit les ondes sonores, chez celui qui perçoit le son; l'ouïe peut être plus ou moins exercée : on sait à quel point les sauvages sont aptes à percevoir les bruits lointains les plus faibles. Mais en outre, la sensibilité de l'ouïe peut tenir, chez le même individu, à des circonstances toutes particulières, et notamment au concours d'une multitude de bruits simultanés, que l'oreille s'accoutume à entendre et ne distingue plus à la fin pour ainsi dire, mais qui émoussent la faculté de l'audition.

Reprenons l'une après l'autre toutes ces causes modificatrices de l'intensité des sons, dans l'ordre où nous les avons énumérées.

L'amplitude des vibrations donne au son plus ou moins d'intensité, comme on peut s'en assurer par mille expériences familières. Quand on frotte avec l'archet ou qu'on pince la corde d'un violon ou de tout autre instrument analogue, le son va en s'affaiblissant, à mesure que le mouvement de va-et-vient de la corde est moins prononcé. Plus le frottement de l'archet est vigoureux, plus les oscillations sont marquées, plus l'intensité du son est grande elle-même. Puisque d'ailleurs sa hauteur musicale n'est pas modifiée [1], il faut en conclure que chaque oscillation de la corde se fait avec une rapidité plus grande, le chemin parcouru dans un temps égal étant plus considérable, lorsque l'amplitude est elle-même plus grande.

Du reste, lorsqu'un corps élastique produit un son, toutes les molécules dont il se compose ne sont pas également écartées de leurs positions d'équilibre; il en est même, nous le verrons bientôt, qui restent en repos. Un timbre, par exemple, dont la surface est frappée par un marteau, subit dans chacun des anneaux circulaires qui le composent, une déformation qui lui fait prendre des formes elliptiques opposées et alternatives. Les anneaux de la base tendent à exécuter des vibrations plus lentes et d'une plus grande amplitude que les anneaux voisins du sommet. Mais la solidarité des anneaux détermine une compensation entre ces amplitudes et ces vitesses différentes, et il en résulte, pour le son produit, une hauteur et une intensité moyennes qui dépendent des dimensions et de la nature du métal dont le timbre est formé. Il y a là une évidente analogie avec les oscillations du pendule composé, dont on sait que la durée est une moyenne entre les durées des oscillations d'une série de pendules simples de différentes longueurs.

1. Nous verrons plus loin que la hauteur est en rapport direct avec le nombre des vibrations effectuées en un même temps, en une seconde, par exemple.

Il ne s'agit, dans ce que nous venons de dire, que de l'intensité intrinsèque du son, qui dépend seulement de l'amplitude des vibrations exécutées par les molécules du corps sonore. Mais comme le son se transmet à notre oreille par l'intermédiaire de l'air, l'intensité paraîtra d'autant plus grande que le volume d'air ébranlé à la fois sera plus considérable, et par conséquent que les dimensions du corps sonore seront elles-mêmes plus grandes. Une corde tendue sur un morceau de bois étroit donne un son moins fort, que si elle est tendue sur une table résonnante, comme dans les instruments de musique, le violon, le piano, etc. Tout le monde sait que si l'on fait vibrer un diapason, d'abord dans l'air, puis en appuyant le petit instrument sur une table ou sur tout autre corps élastique, le son primitif acquiert, par cette extension de volume du corps vibrant, une intensité beaucoup plus énergique.

L'intensité d'un même son, perçu par l'oreille à des distances différentes, décroît en raison inverse du carré de la distance. Ainsi à 10 mètres, l'intensité est quatre fois plus grande qu'à 20 mètres, neuf fois plus qu'à 30 mètres, etc., pourvu toutefois que les circonstances de la propagation restent les mêmes et que des corps réfléchissants voisins ne concourent pas à renforcer le son. Il résulte de là que si l'on produit, en deux stations différentes, deux sons dont l'un soit quadruple de l'autre en intensité, l'observateur qui se placera au tiers de la ligne qui les sépare, du côté du plus faible, croira entendre deux sons de même force. D'une manière générale, si l'auditeur se place, sur la ligne qui joint les deux points d'où émanent deux sons, en un endroit où leurs intensités lui semblent égales, ces intensités seront en réalité proportionnelles aux carrés des distances du point intermédiaire aux deux corps sonores. Voici quelle est la raison de cette loi. Les ondes sonores, se propageant sphériquement autour du centre d'ébranlement, mettent en mouvement des couches sphériques successives dont le volume est en raison de la surface, et croît dès lors comme les carrés de leurs distances au centre. Puisque les masses des couches ébranlées sont de plus en plus grandes, le mouvement qui leur est communiqué par la même force diminue dans la même proportion.

Dans les colonnes ou tuyaux cylindriques, les tranches successives sont égales : l'intensité des sons devrait donc rester la même, quelle que fût la distance. Mais les récentes expériences de M. Regnault prouvent qu'il y a en réalité une diminution d'intensité qui croît avec la distance et qui provient en grande partie de la réaction des parois du tuyau qui limitent la colonne d'air. Toutefois, à de courtes distances, l'affaiblissement du son est peu prononcé. M. Biot, dans les expériences qu'il fit pour déterminer la vitesse du son dans les corps solides, constata ce fait que le son transmis par l'air dans les tuyaux des aqueducs de Paris, n'était pas sensiblement affaibli à une distance de près d'un kilomètre. « La voix la plus basse, dit M. Biot, était entendue à cette distance, de manière à distinguer parfaitement les paroles, et à établir une conversation suivie. Je voulus déterminer le ton auquel la voix cessait d'être sensible, je ne pus y parvenir. Les mots dits aussi bas que quand on parle à l'oreille, étaient reçus et appréciés ; de sorte que, pour

Fig. 12. — Grotte della Favella, ou Oreille de Denys.

ne pas s'entendre, il n'y aurait eu absolument qu'un

moyen, celui de ne pas parler du tout. » Disons en passant que, pour faire avec succès des expériences de ce genre, il faut choisir les instants de la nuit les plus calmes, ainsi que M. Biot le recommandait lui-même, par exemple entre une heure à deux heures du matin. « Dans le jour, mille bruits confus agitent l'air extérieur, font résonner les tuyaux, et empêchent de distinguer, ou même détruisent les faibles ébranlements produits par une voix basse à l'extrémité de la colonne d'air. Aussi, dans ces circonstances, les bruits les plus forts ne sont quelquefois pas entendus. »

Cette propriété des canaux cylindriques explique certains effets d'acoustique offerts par les salles ou les voûtes de divers monuments. Les arêtes des voûtes ou des murs forment des rigoles où le son se propage avec une grande facilité et sans perdre de son intensité première. On voit, à Paris, deux salles de ce genre : l'une de forme carrée et voûtée située au Conservatoire des Arts et Métiers, l'autre de forme hexagonale, à l'Observatoire de Paris ; dans l'une et l'autre, les angles en se rejoignant par la voûte, déterminent des sortes de rigoles éminemment propres à conduire le son sans l'affaiblir. Aussi deux personnes peuvent causer à voix basse, d'un angle à l'autre, sans que les auditeurs placés entre eux saisissent rien de leur conversation. Dans l'église Saint-Paul de Londres, le dôme présente une disposition analogue ; on cite encore la galerie de Glocester, l'église cathédrale de Girgenti en Sicile et la fameuse grotte de Syracuse, connue aujourd'hui sous le nom de *Grotta della favella*, et dans l'antiquité sous celui d'*Oreille de Denys*. Dans les anciennes Latomies ou carrières de Syracuse, le tyran avait fait ménager, dit-on, une communication secrète entre son palais et les cavernes où il tenait enfermées ses victimes, mettant à profit la disposition particulière de la grotte pour épier leurs moindres paroles.

§ 3. — Variations d'intensité du son, avec l'altitude, le jour et la nuit.

L'intensité du son perçu varie selon la densité du milieu qui le propage, ou, pour mieux dire, du milieu où il prend naissance : c'est ce que nous avons vu déjà, dans l'expérience faite sous la cloche de la machine pneumatique : le son du timbre s'affaiblit, à mesure que le vide se fait. Le contraire aurait lieu, ainsi que l'a vérifié Haüksbée, si l'on comprimait l'air dans le récipient où est placé le corps sonore. Les personnes qui s'élèvent dans les hautes régions de l'air, soit sur les montagnes, soit dans les aérostats, constatent toutes un affaiblissement du son, produit par la diminution de densité de l'air atmosphérique. Nous avons déjà cité l'observation de de Saussure et celles de Tyndall sur la faible intensité de la détonation d'un pistolet au-dessus du Mont-Blanc : « Dans les expériences qui furent faites à Quito, pour mesurer la vitesse du son entre deux stations élevées de 3000^m et 4000^m au-dessus de la mer, le bruit d'une pièce de canon de neuf, à une distance de 20,500^m, ne faisait pas autant d'effet que celui d'une pièce de huit, à une distance de 31,300^m. dans les plaines des environs de Paris. » (Daguin). Voici quelques autres faits curieux empruntés aux relations de divers aéronautes ; ils prouvent que si les sons naissent très-affaiblis dans les milieux rares des hautes régions, ils se propagent difficilement dans les couches inférieures plus denses ; au contraire, les sons d'en bas s'entendent aisément dans les hauteurs. Le chemin parcouru est cependant le même dans les deux cas, et les densités des couches que traversent les ondes sonores sont les mêmes aussi, mais en sens inverse. Ainsi, l'intensite du son, en ce qui regarde la densité du milieu, dépend surtout de celle du milieu où se trouve immédiatement plongé le corps sonore, et cela s'explique. A égalité d'amplitude des vibrations du corps, la masse aérienne ébranlée au point de départ est plus grande dans un milieu dense que dans un milieu rare.

Dans sa première ascension (1862), le célèbre aéronaute anglais, M. Glaisher, parvint à une hauteur de 3,500 mètres : « Là, dit-il, le silence est absolu, pareil à celui qui régnait sur l'abîme, quand la terre fut séparée des eaux. Tout à coup, j'entends une harmonie souterraine. Ce n'est point un écho de la voix des anges, c'est une musique humaine qui pénètre jusque dans ces régions où l'air, déjà moins dense, ne paraît demander qu'à vibrer. » Dans une seconde ascension, le même observateur entendit le bruit du tonnerre : le ballon planait cependant dans un ciel d'une sérénité absolue, à 7,000 mètres de hauteur. La foudre grondait bien loin, à ses pieds, au sein de nuages plus bas de 5,000 mètres. Une autre fois, c'est le sifflet des locomotives qui parvint au voyageur à des hauteurs de 5,000 et de 7,600 mètres. D'en haut, les voix humaines s'entendent très-bien, tandis que les aéronautes ont peine à se faire entendre même à de faibles hauteurs. « Tandis que nous entendons, dit M. Flammarion, une voix qui nous parle à 500 mètres au-dessous de nous, on n'entend pas clairement nos paroles, dès que nous parlons à plus de 100 mètres. »

Dans l'eau, les ondes sonores se transmettent avec une plus grande intensité que dans l'air, si toutefois le corps sonore vibre avec la même énergie dans l'un et l'autre milieu. Dans les corps solides, de forme cylindrique ou prismatique, le son se propage sans s'affaiblir autant que dans l'air ou les gaz. Tout le monde connaît l'expérience qui consiste à placer l'oreille à l'extrémité d'une longue poutre de bois : on y entend très-distinctement les plus petits bruits, par exemple celui que produit le frottement d'une épingle. Les sauvages approchent l'oreille de terre pour entendre les sons lointains que l'air serait impuissant à transmettre à la même distance.

Un fait généralement connu, et qui est d'une observation facile, c'est que le son s'entend mieux pendant la nuit que dans la journée. Mais les physiciens ne sont pas d'accord sur la raison de cet accroissement. Voici ce qu'en dit M. Daguin, dans son *Traité de physique :*

« C'est un fait bien constaté que les sons s'entendent beaucoup plus loin pendant la nuit que pendant le jour; c'est pour cela que certains échos n'existent qu'après le coucher du soleil. M. de Humboldt a observé, par exemple, que le bruit des cataractes de l'Orénoque, entendu à plus d'une lieue, est à peu près trois fois plus fort la nuit que le jour [1]. Ce fait avait été remarqué par les Indiens et les missionnaires d'Aturès. Quand on se trouve sur une colline qui domine une grande ville, on reconnaît facilement aussi que le bruit lointain des voitures se distingue beaucoup mieux la nuit que le jour. M. de Humboldt a remarqué de plus, que l'augmentation d'intensité est moins sensible sur les plateaux élevés que dans les plaines basses, et sur la mer que sur les continents.

« L'accroissement de l'intensité du son pendant la nuit était connu des anciens; Aristote en fait mention dans ses problèmes, et Plutarque dans ses dialogues. On a voulu en trouver l'explication dans les mille bruits confus qui agissent sur l'oreille pendant le jour, et n'existent pas pendant la nuit; mais cette explication ne pourrait s'appliquer aux forêts de l'Orénoque, dans lesquelles une foule d'animaux, d'insectes nocturnes, remplissent l'air de leurs cris ou de leurs bourdonnements (?). M. de Humboldt a trouvé la véritable explication, en remarquant que, pendant la nuit, l'air est calme et homogène, ce qui favorise la propagation du son ; tandis que, pendant le jour, il est agité et composé de parties d'inégale densité, à cause de l'action du soleil, qui échauffe

---

1. Voici les paroles de Humboldt : « Pendant les cinq jours que nous passâmes dans le voisinage de la cataracte, nous remarquâmes avec surprise que le fracas du fleuve était trois fois plus fort pendant la nuit que pendant le jour. En Europe on observe les mêmes singularités à toutes les chutes d'eau. Quelle en peut être la cause dans un désert où rien n'interrompt le silence de la nature ? Il faut probablement la chercher dans le courant d'air chaud ascendant qui cesse pendant la nuit, lorsque la surface de la terre est refroidie. » (*Tableau de la nature. I.*)

le sol d'une manière différente suivant la nature et
l'état de sa surface. Il en résulte que l'air en contact
prend des températures différentes, et que les parties les plus dilatées s'élevant et se mêlant imparfaitement à celles qui sont moins échauffées, l'air près
de la surface de la terre, est peu homogène. Cela
posé, un rayon sonore, à chaque passage d'une
masse d'air dans une autre de densité différente,
éprouve une réflexion partielle, de sorte que la portion qui passe outre a perdu de son intensité. Cette
explication avait été entrevue par Aristote, qui attri-
buait au calme de la nuit la plus grande intensité du
son, et par Plutarque qui, allant plus loin, voyait la
cause de l'affaiblissement du son pendant le jour au
mouvement tremblant de l'air, ou à l'action du
soleil. L'on voit aussi pourquoi sur mer le changement d'intensité du son, du jour à la nuit, est moins
sensible que sur terre; c'est que la température de
la surface de l'eau est beaucoup plus uniforme que
celle du sol. »

Ainsi Humboldt attribue l'accroissement d'intensité du son pendant la nuit à l'homogénéité des couches d'air et à leur calme relatif, qui permettraient
aux ondes sonores de se propager, sans perdre de
leur amplitude par la réflexion. La raison de cette
différence est autre selon Nicholson; elle est, suivant
celui-ci, tout entière dans ce fait que pendant le jour,
une multitude de bruits venant à la fois faire leur
impression sur l'oreille, chacun d'eux doit se distinguer moins aisément. « Le silence de la nuit, dit-il,
repose nos organes et les rend plus sensibles à de
faibles impressions; le silence exalte l'ouïe comme
l'obscurité aiguise la vue. » Il ne nous paraît pas

douteux que le concours de ces causes diverses agit pour rendre l'intensité des sons, et par suite leur portée, plus grande la nuit que le jour. On verra plus loin, d'intéressantes expériences, dues à Tyndall, et qui montrent que la question est loin encore d'être entièrement élucidée.

D'après les observations de Bravais et de Martins, la distance à laquelle parvient un son dépend aussi de la température de l'air : cette distance est plus grande pendant les froids de l'hiver, dans les régions glacées du pôle ou des hautes montagnes. C'est donc ici à l'homogénéité de l'air, plutôt qu'à sa densité, qu'on doit attribuer la cause de ce fait, puisque sur les montagnes la densité de l'air est moindre que dans la plaine. Là encore, d'ailleurs, la sensibilité de l'ouïe se trouve évidemment exaltée : dans les régions polaires comme sur les hautes montagnes, comme dans les couches élevées de l'air atteintes par les ballons, un silence presque absolu règne à tout instant, et l'audition d'un son unique n'y est pas contrariée par les mille bruits confus des régions habitées. Ces bruits innombrables doivent agir sur notre oreille de la même manière qu'agit, pendant le jour, la lumière diffuse de l'air, laquelle nous empêche de voir les étoiles, si faciles à distinguer dans l'obscurité.

L'intensité du son transmis dépend certainement de l'état de repos ou d'agitation de l'air. C'est par un temps calme qu'il s'entend distinctement à la plus grande distance : le vent affaiblit le son, même quand il vient du point où résonne le corps sonore. C'est ce que constatait Derham à Porto Ferajo (Ile d'Elbe) où le son du canon de Livourne

s'entendait mieux par un temps calme que lorsque
le vent soufflait, même quand sa direction était celle
de Livourne à Porto. Le vent affaiblit donc le son :
il en diminue la portée d'autant plus d'ailleurs qu'il
souffle dans une direction plus opposée. Son influence est minimum, quand sa direction est à angle
droit avec le mouvement des ondes sonores. Enfin,
l'affaiblissement est plus marqué pour les sons faibles que pour les sons forts. Peut-être cette influence du vent sur la portée des sons n'est-elle pas
entièrement due à l'agitation des molécules de l'air :
nous inclinons à croire que le bruit du vent lui-
même y est pour quelque chose. Dès qu'il souffle un
peu fort, il en résulte comme une basse continue
qui doit rendre moins vive la sensibilité de l'oreille.
La direction des vibrations, c'est-à-dire la façon dont
l'auditeur est tourné relativement au point d'où part
le son, a aussi sur l'intensité de celui-ci une grande
influence. Si, quand on écoute les fanfares d'un cor
de chasse, l'exécutant tourne le pavillon de son instrument dans diverses directions, l'intensité du son
varie au point qu'il semble tantôt s'approcher, tantôt
s'éloigner du lieu où se trouve l'auditeur : généralement tout obstacle interposé, surtout s'il s'agit d'un
corps dont la masse transmet mal les vibrations,
empêche le son de se propager; il se forme derrière lui comme une ombre sonore; l'intensité du
son en est considérablement altérée.

Les circonstances susceptibles de modifier l'intensité d'un son sont donc très-variées. Il en résulte
que la plus grande distance à laquelle il peut parvenir est difficile à déterminer. Dans les exemples
remarquables que citent les physiciens, de sons en-

tendus à des distances considérables, il est probable
que c'est le sol plutôt que l'air qui servait de véhicule aux vibrations sonores. Nous avons cité plus
haut ce que dit Humboldt des détonations produites
par les tremblements de terre ou par les éruptions
volcaniques, lesquelles se sont propagées jusqu'à
des distances de 800 à 1200 kilomètres.

Chladni rapporte plusieurs faits qui prouvent que
le bruit du canon se propage à des distances souvent très-grandes; au siége de Gênes, on l'entendit
à une distance de 90 milles d'Italie ; dans le siége
de Manheim, en 1795, à l'autre extrémité de la
Souabe, à Nordlingen et à Wallerstein; à la bataille
d'Iéna, entre Wittenberg et Treuenbrietzen. « J'ai
entendu moi-même, dit-il, les coups de canon à
Wittenberg, à une distance de 17 milles d'Allemagne (126 kilomètres), moins par l'air que par
les ébranlements des corps solides, en appuyant la
tête contre un mur. »

On lisait, dans le compte rendu de la séance
de l'Académie des Sciences, du 10 janvier 1840, la
communication suivante :

« M. Arago donne, d'après une lettre de M. d'Hacqueville, des renseignements concernant *les distances auxquelles se propage le son*. La canonnade qui
précéda la prise de Paris, au commencement de
1814, fut entendue pendant quinze heures dans toute
la contrée qui s'étend de Lisieux à Alençon et dans
toutes les vallées environnantes (170 à 180 kilomètres à vol d'oiseau). M. Elie de Beaumont ajoute,
à l'appui de la communication de M. d'Hacqueville,
que la canonnade du 30 mars 1814 a été entendue
très-distinctement dans la commune de Canon, si-

tuée entre Lisieux et Caen, à environ 176 kilomètres de Paris, en ligne droite. »

Est-ce par l'air, est-ce par le sol que le son était transmis dans ces circonstances qui ne sont sans doute pas exceptionnelles? La vérité est que par l'air même, le son se propage souvent à une grande distance. Témoin les roulements du tonnerre, mais surtout les détonations des bolides qui éclatent parfois à des hauteurs énormes. Chladni cite des météores dont l'explosion n'a été entendue que 10 minutes après la vue du globe lumineux, ce qui suppose une hauteur d'au moins 200 kilomètres. Le bolide observé dans le midi de la France le 14 mai 1864, a présenté la même particularité, et les observateurs ont noté jusqu'à 4 minutes entre l'apparition et la perception du bruit de la détonation. « Pour qu'une explosion, dit à ce sujet M. Daubrée, produite dans des couches d'air aussi raréfiées, ait donné lieu à la surface de la terre à un bruit d'une pareille intensité, et sur une étendue horizontale si considérable, il faut admettre que sa violence dans les hautes régions dépasse tout ce que nous connaissons. » La durée de la détonation de certains bolides est un phénomène également remarquable; il y a là, probablement, un effet de répercussion du son sur les couches d'inégale densité de l'air, analogue au roulement du tonnerre dans les orages.

§ 4. — De la portée des sons.

La limite à laquelle une oreille de sensibilité moyenne cesse d'entendre un son est ce que l'on nomme sa *portée*. Le raisonnement et l'expérience s'accordent à montrer que cette limite dépend d'abord de l'intensité intrinsèque de l'ébranlement sonore, ainsi que de toutes les autres circonstances qui modifient l'intensité du son le long du parcours qu'il suit pour arriver jusqu'à l'oreille. Ainsi la portée d'un son doit varier avec la nature du milieu dans lequel le son se propage, avec la densité de ce milieu, sa température, l'état de calme ou de trouble de l'air, probablement aussi avec la quantité de vapeur d'eau qu'il contient, en un mot avec le plus ou moins d'homogénéité de ses couches successives. Nous venons déjà de passer en revue un certain nombre de faits qui montrent la réalité de ces divers genres d'influence. Il est bon d'entrer à cet égard dans quelques détails, la question ayant au point de vue pratique une certaine importance, notamment en ce qui concerne l'efficacité des signaux sonores, qu'on emploie dans la marine, sur les chemins de fer, etc., lorsque les brumes atmosphériques ne permettent pas l'emploi des signaux lumineux.

Auparavant toutefois, n'oublions pas une distinction essentielle. Le son consistant dans l'impression que produit sur l'organe de l'ouïe la succession des vibrations ou des ondes aériennes, il peut arriver et il arrive en effet que l'impression cesse, avant que le mouvement vibratoire, cause de cette impression, ait lui-même complétement cessé. Dans ses expériences sur la vitesse du son, M. Regnault a parfaitement constaté cette distinction. « Lorsque l'onde, dit-il, n'a plus assez d'intensité, ou *qu'elle s'est assez modifiée* pour ne plus produire sur notre oreille la sensation du son, elle est encore capable, même après un parcours très-prolongé, de marquer son arrivée sur nos membranes. » Ce savant physicien a trouvé qu'un coup de pistolet, chargé avec un gramme de poudre, donne un son qui cesse d'être perçu par l'oreille après des parcours de

1150 mètres dans un tuyau de 108^{mm} de diamètre,
3810   —   —   300   —
9540   —   —   1100   —

La portée du son est sensiblement proportionnelle au diamètre du tuyau ou de la colonne d'air qui propage le son. Mais cette onde qui, aux distances ci-dessus, ne donne plus de son perceptible, chemine toujours. Elle n'est à peu près complétement éteinte qu'aux distances suivantes :

4056 mètres dans la conduite de 108^{mm}
11430   —   —   300
19851   —   —   1100

La portée du son perceptible et la portée limite des ondes silencieuses seraient beaucoup moindres dans l'air libre que dans un espace limité, parce que dans l'air libre l'amplitude des vibrations, par suite l'intensité du son diminue rapidement; théorique-ment nous avons déjà dit que cette diminution est proportionnelle au carré des distances. Mais on croyait que dans une colonne cylindrique l'inten-sité restait constante, ce qui eût donné à la portée une valeur infinie; mais les expériences de M. Re-gnault, ainsi que nous l'avons dit déjà, prouvent qu'il n'en est pas ainsi; les ondes sont peu à peu affaiblies puis éteintes, par l'influence des parois des tuyaux. Pour les ondes sonores proprement

dites, on voit que la limite de perception ou la portée est assez faible.

5. — Sur la transparence et l'opacité acoustique de l'atmosphère.

Nous arrivons aux expériences de Tyndall sur la
portée des ondes sonores. Elles sont intéressantes
en ce que, sur plusieurs points, elles se trouvent
en contradiction avec les idées généralement admi-
ses sur ce sujet par les physiciens. Un temps clair
et serein avait été jusqu'ici, nous l'avons vu, considéré comme favorable à la propagation du son ; on
avait également cru que la portée était plus grande,
si le vent soufflait dans la direction du mouvement
des ondes, pourvu toutefois qu'il s'agît d'une brise
légère. Or, nous allons voir les faits démentir cette
opinion.

Le savant physicien anglais avait été chargé, par
la corporation de Trinity House[1], « de déterminer la
distance à laquelle les signaux ordinaires de brume,
tels que porte-voix, trompettes marines, sifflets à
vapeur et coups de canon, pouvaient être entendus
en mer, et de chercher à constater les causes des
variations dans cette distance dépendant de changements dans les conditions atmosphériques. Les
signaux ayant été convenablement disposés sur le
haut des falaises du South Foreland, dans le voisinage de Douvres, M. Tyndall, monté sur un vapeur
que le gouvernement avait mis à sa disposition, s'é-

---

1. Nous empruntons ces détails au compte-rendu d'une
conférence de Tyndall, publiée par le *Bulletin de l'Association scientifique de France* (t. XIII, p. 382).

loignait ou se rapprochait de la côte, jusqu'à ce que les sons devinssent perceptibles à l'oreille. Il fut frappé, dès l'abord, des variations singulières et en apparence inexplicables qui n'ont pas tardé à se présenter... C'est ainsi que le 25 juin, la direction du vent étant favorable, le son de la trompette marine, ainsi que le bruit de l'explosion d'une pièce de 18 tirée sur les falaises au-dessus de Douvres, s'entendait distinctement en mer à une distance de 5 1/2 milles anglais, soit en nombres ronds 8,750 mètres. Le lendemain 26, ces mêmes sons étaient perceptibles à une distance de la côte de 17 kilomètres, et cela malgré un vent directement contraire. Le lendemain 2 juillet, il est survenu tout à coup dans l'atmosphère une opacité acoustique vraiment extraordinaire ; la distance de la côte à laquelle le bruit du canon était perceptible n'était plus que de 6,750 mètres sans cause météorologique apparente. Le 3 juillet, par un temps serein et très-chaud, la mer étant parfaitement calme, il a fallu se rapprocher jusqu'à 3,500 mètres de la côte pour que le bruit du canon de 18 devînt perceptible. L'observateur distinguait bien chaque bouffée de fumée, mais sans entendre le plus petit son. Il paraît donc démontré qu'une atmosphère claire et sereine n'est nullement favorable à la propagation du son, et que l'accord entre la transparence optique et la transparence acoustique, constaté par le docteur Derham, dans les *Transactions philosophiques* pour 1708, et généralement admis dès lors, ne repose sur aucun fondement. »

Avant d'aller plus loin, et de rapporter l'explication que propose Tyndall pour ces apparentes ano-

malies, nous devons dire que les faits observés par
lui ne sont pas entièrement nouveaux. Arago, dans
son rapport sur les expériences faites en 1822 à Villejuif et à Montlhéry, constate une différence singulière entre l'intensité du son entendu à chaque station : « Le temps était serein, dit-il, et presque
complétement calme : le peu de vent qu'il faisait
soufflait de Villejuif à Montlhéry ou plus exactement
du nord nord-ouest au sud sud-est. A Villejuif, nous
entendîmes parfaitement, MM. de Prony, Mathieu et
moi, tous les coups de Montlhéry ; aussi n'apprimes-
nous pas sans étonnement, le lendemain, que le
bruit du canon de notre station s'était à peine transmis jusqu'à l'autre. » On n'entendit à Montlhéry que
sept coups sur douze. Le lendemain, résultat plus
étonnant encore : on n'entendit qu'un coup sur
douze. Arago ne chercha point à expliquer ces singularités, n'ayant, dit-il, à offrir que des conjectures
dénuées de preuves.

Le fait que nous venons de citer est d'autant plus
curieux qu'il s'agit là de sons presque simultanés,
se propageant dans le même milieu, dans des
conditions météorologiques qu'on peut considérer
comme identiques. Ainsi, un même milieu aérien
qui, dans un sens, jouit de la propriété que Tyndall
nomme la *transparence acoustique*, se trouve opaque pour le son dans le sens opposé.

Martin et Bravais, en mesurant la vitesse du son,
entre le sommet du Faulhorn et le lac de Brienz,
avaient bien aussi reconnu que le son arrivait affaibli à la station inférieure, mais dans ce cas, la cause
de la différence pouvait et devait être attribuée à la
grande différence d'altitude, c'est-à-dire à la plus

faible densité de l'air au point où se produisait le son. A Montlhéry, c'était plutôt le contraire, puisque les ondes sonores émanées de Villejuif se propageaient en montant de 30 et quelques mètres vers la station opposée.

L'explication proposée par Tyndall n'est autre que celle de Humboldt : le défaut d'homogénéité des couches d'air à travers lesquelles se propagent les ondes sonores. Le 3 juillet, lors de la dernière expérience citée plus haut, le temps était calme et chaud. « Les rayons d'un soleil ardent en tombant sur la mer, devaient nécessairement donner lieu à une copieuse évaporation. La vapeur ainsi formée ne devait pas, suivant le savant anglais, se mêler à l'air, de manière à donner un tout homogène; les espaces inégalement saturés de ce milieu étaient dès lors séparés par des surfaces favorables à la production d'échos partiels par réflexion. De là un affaiblissement des ondes et une diminution de la portée du son. Un fait observé le même jour lui a paru confirmer la vérité de cette explication; un nuage assez épais pour voiler le soleil survint en effet, et l'évaporation ralentie permit au mélange d'air et de vapeur déjà formée de devenir plus homogène; au bout de quelques minutes, la portée du son s'éleva de 3,500 à 3,750 mètres et s'accrut jusqu'au soir à mesure que le soleil s'approchait de l'horizon; au coucher de l'astre, le canon s'entendait à une distance de 12 kilomètres et demi. »

L'effet d'une forte averse de pluie fut analogue à celui de l'interposition d'un nuage. « Dans la matinée du 8 octobre, l'explosion de la pièce de 18 était à peine perceptible à la distance de 8,750 mètres de la côte anglaise. L'après-midi est survenue une forte averse de pluie mélangée de grêle; aussitôt le son s'est graduellement renforcé, et, en s'éloignant toujours plus de la côte, on a pu l'entendre distinctement à la distance de 12 kilomètres. Dans ce cas, la chute d'eau avait arrêté l'évaporation de la mer et rendu à l'atmosphère son homogénéité. »

Les brouillards, les brumes épaisses sont-ils des obstacles à la propagation du son? En diminuent-ils la portée? On le croyait jusqu'ici. Des expériences dues au même savant paraissent en contradiction avec cette manière de voir. En effet, pendant les trois journées des 10, 11 et 12 décembre, Londres étant plongé dans un brouillard d'une épaisseur exceptionnelle, le bruit du canon fut perceptible à une distance beaucoup plus grande que par les temps clairs qui avaient précédé ces jours brumeux ou qui suivirent la disparition complète du brouillard. Ainsi, comme le fait remarquer Tyndall, la même cause qui diminue la transparence optique des couches d'air augmente sa transparence acoustique.

Un ingénieur en chef des ponts-et-chaussées, M. Philippe Breton, tout en admettant l'explication de Humboldt et de Tyndall, pense qu'une autre cause peut produire une brusque interruption des signaux sonores. Dans une atmosphère parfaitement homogène, mais dont les couches sont à des températures différentes, variant d'une manière continue, des ondes sonores parties d'un signal plus ou moins élevé vont raser l'horizon, plaine ou surface maritime à une certaine distance. Là, elles se relèvent brusquement laissant plus loin tout un espace où elles ne pénètrent pas et que ce savant nomme l'*ombre de silence*. Pour percevoir les sons dans cet espace, il faudrait s'élever verticalement à des hauteurs croissantes avec la distance. Il peut donc être arrivé que le navire où se trouvait Tyndall dans ses expériences ait pénétré dans cet espace et que ce savant ait attribué à un défaut d'homogénéité de l'air ce qui était le fait d'une loi géométrique de la propagation des ondes. « Par exemple, dit M. Breton, s'il lui est arrivé, en s'éloignant de l'instrument des signaux, de cesser brusquement d'entendre le son, au lieu d'observer un affaiblissement graduel et continu, c'est qu'à l'instant de la cessation brusque de l'audition, l'observateur, en traversant la surface de l'ombre acoustique, sera entré brusquement dans l'ombre de silence. La brusquerie de l'extinction apparente aura dû être d'autant plus nette que la transparence acoustique de l'air était plus complète. »

Quoi qu'il en soit des diverses théories proposées pour expliquer les anomalies que l'observation a déjà reconnues dans la portée variable des signaux sonores, la nécessité d'expériences nouvelles ressort évidemment selon nous des faits que nous venons de rapporter. L'importance pratique de la question sollicitera d'ailleurs les physiciens.

CHAPITRE V

LES VIBRATIONS SONORES

---

§. 1. — Vibrations des solides, des liquides et des gaz.

Le moment est venu d'étudier le son en lui-même et de prouver par l'expérience les vérités que, dès la fin de notre chapitre Ier, nous avions déjà entrevues. Rappelons-en brièvement l'énoncé.

Le son est un mouvement vibratoire.

Les corps sonores sont des corps élastiques, dont les molécules, sous l'action de la percussion, du frottement ou des autres modes d'ébranlement, exécutent une série de mouvements de va-et-vient autour de leur position d'équilibre. Ces vibrations se communiquent de proche en proche aux milieux environnants, gazeux, liquides et solides, dans toutes les directions, et viennent atteindre l'organe de l'ouïe. Là, le mouvement vibratoire agit sur les nerfs spéciaux de cet organe et détermine dans le cerveau, si la vitesse et l'amplitude des vibrations ont des valeurs convenables, la sensation du son.

Des expériences très-simples permettent de mettre en évidence l'existence des vibrations sonores.

Elles sont d'abord fréquemment perceptibles au simple toucher. Si l'on choque les branches d'une pincette suspendue à l'aide d'un morceau de métal ou de bois, on entend un son, et en appliquant les doigts sur les branches, on sent un frémissement très-facile à distinguer du mouvement d'oscillation visible. Il en est de même, si l'on fait résonner une cloche, un timbre, un instrument de musique d'un volume suffisant, si l'on pose par exemple les doigts sur la table d'harmonie d'un piano, pendant qu'on joue de l'instrument. Un tambour, un clairon qui passe devant les fenêtres d'une maison, fait frémir les vitres des croisées et la détonation d'un coup de canon produit un effet semblable à une grande distance. Tiré de trop près, le coup briserait les vitres, mais dans ce cas, l'effet produit par l'ébranlement sonore se complique du mouvement de transport et du vide causé dans l'air par l'explosion.

Les vibrations sonores sont visibles dans les cordes et les verges métalliques. Si l'on prend une corde de violon et qu'on la tende à ses deux extrémités au-dessus d'une surface de couleur sombre — dans les instruments à corde, cette condition se trouve réalisée; — si l'on provoque alors un son à l'aide d'un coup d'archet transversal ou par le pincement de la corde en son milieu, on voit cette dernière s'élargir des extrémités au milieu, et présenter à l'œil, en ce dernier point (fig. 13), un renflement apparent, dû au mouvement rapide de va-et-vient qu'elle exécute. La corde est vue à la fois, pour ainsi dire, dans ses positions extrêmes et moyennes, grâce à la persistance des impressions lumineuses sur la rétine.

Au lieu d'une corde, considérons une verge ou tige

Fig. 13. — Vibrations transversales d'une corde sonore.

métallique flexible fixée à l'un de ses bouts (fig. 14). En la dérangeant de sa position d'équilibre, on la voit exécuter une série d'oscillations dont l'amplitude va en s'affaiblissant et finit par s'annuler. Pendant toute la durée des vibrations de la tige, on entend un son qui s'affaiblit et s'éteint avec le mouvement même. Les branches d'un diapason qu'on fait ré-

Fig. 14. — Vibrations transversales d'une tige métallique.

sonner oscillent visiblement, de sorte que l'œil ne distingue pas nettement leurs contours : l'effet des vibrations est le même que dans le cas d'une corde sonore, et la vision confuse qui en résulte tient aussi à la durée de la sensation lumineuse. L'œil

voit à la fois chaque branche dans toutes les positions que les vibrations lui font occuper de part et
d'autre de leur position d'équilibre.

Une cloche de cristal, un timbre métallique,
quand on en frotte le bord avec un archet, rendent

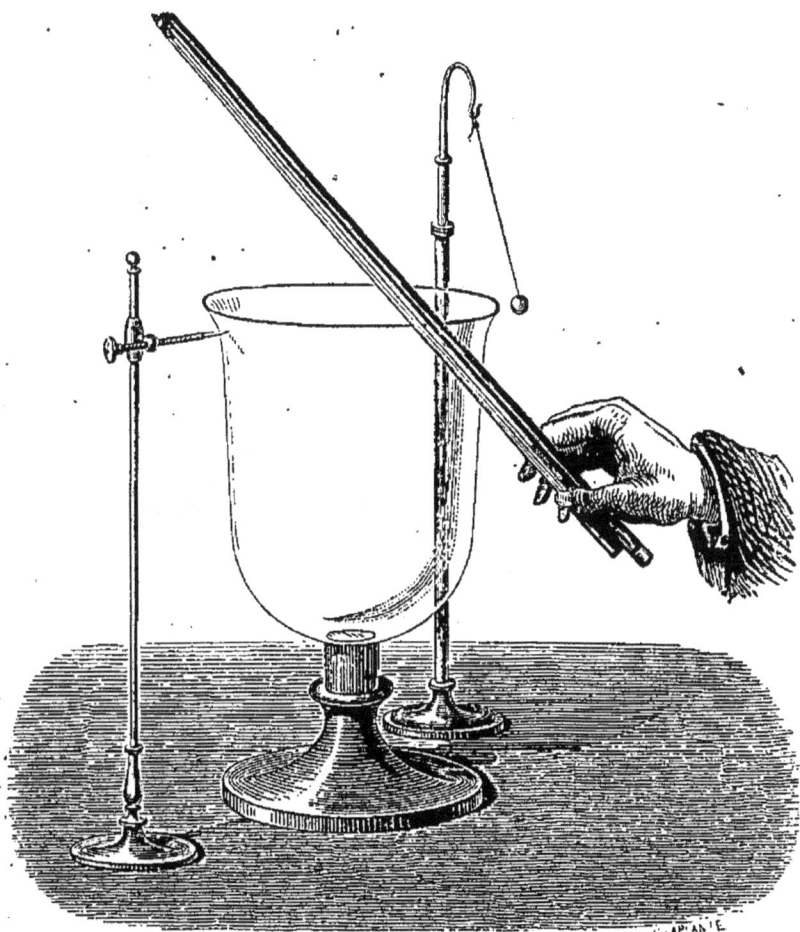

Fig. 15. — Vibrations d'une cloche.

des sons souvent très-énergiques. Or, on constate
aisément l'existence des vibrations qui leur donnent naissance. Une tige métallique dont la pointe
effleure, sans le toucher, le bord de la cloche, se

met alors à choquer le cristal de coups secs et répétés, et le bruit qui en résulte se distingue aisément du son lui-même (fig. 15). La boule d'un
pendule est renvoyée avec force et oscille pendant
toute la durée du son. De même une bille métallique, posée à l'intérieur d'un timbre, sautille quand

Fig. 16. — Vibrations d'un timbre sonore.

ce dernier résonne (fig. 16) et accuse ainsi l'existence des vibrations dont les molécules du corps
sonore sont animées.

Outre les vibrations dont le sens est perpendiculaire à leur longueur, et qu'on nomme pour cette raison *vibrations transversales,* — ce sont celles dont il vient d'être question, — les cordes, les verges métalliques, les tiges de bois, de verre ou d'autres substances élastiques, exécutent encore des *vibrations longitudinales,* qui peuvent être rendues sensibles par des moyens semblables à ceux qu'on vient de décrire. Prenons, par exemple, une tige de fer ou un tube de verre, dont un des bouts est fixe, et frottons-les dans le sens de la longueur à l'aide d'un morceau d'étoffe enduit de colophane : un son se produit. Si une bille formant pendule est préalablement mise en contact avec le bout libre de la tige ou du tube, on la verra s'élancer et osciller pendant toute la durée du son : son mouvement sera alors longitudinal, comme les vibrations qui le produisent.

Fig. 17. — Instrument de Trevelyan.

L'instrument de Trevelyan dont nous avons parlé plus haut et à l'aide duquel on obtient des sons par le contact de deux corps solides à des températures inégales, permet aussi de rendre sensible à la vue

l'existence des vibrations sonores (fig. 17). En plaçant en travers, sur le berceau métallique, une
barre terminée par deux boules, le poids de cette
barre rend les vibrations plus lentes, et on les suit
des yeux dans le balancement alternatif qu'exécutent la baguette et les boules. Tyndall a imaginé un
moyen fort ingénieux de mettre ces vibrations en
évidence. Pour cela, il fixe au centre du berceau un
petit disque d'argent poli, sur lequel il projette un
faisceau de lumière électrique. La lumière réfléchie
sur ce petit miroir va tomber sur un écran, et aussitôt que le fer chaud se trouve en contact avec la
masse froide du plomb, on voit le reflet de lumière
se balancer sur l'écran.

On peut prouver, en étudiant les effets de la chaleur,
que la cause des oscillations du berceau, dans l'instrument de Trevelyan, est dans la dilatation alter-
native du plomb aux points de contact du fer chaud ;
cette dilatation brusque donne lieu à la formation
de bourrelets (fig. 18) qui font basculer le berceau.

Il en résulte une sé-
rie de petits chocs
assez multipliés pour
produire, par la pro-
pagation des vibra-
tions dans l'air, un

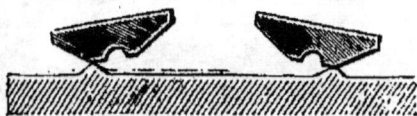

Fig. 18. — Oscillation du berceau dans
l'instrument de Trevelyan.

son qui parvient ainsi jusqu'à notre oreille.

Nous verrons plus loin d'autres preuves de l'existence de ces mouvements moléculaires, quand nous
décrirons les procédés employés pour mesurer le
nombre des vibrations. Nous avons d'ailleurs déjà dit
que le plus souvent, quand un corps solide produit
un son, le mouvement vibratoire est rendu sensible

par le frémissement que la main éprouve au toucher.

Jusqu'ici, nous n'avons considéré, pour les mettre en évidence, que les vibrations des corps solides. Mais celles que la production ou la transmission du son détermine dans les masses liquides et dans les

Fig. 19. — Vibrations des molécules liquides sous l'influence d'un ébranlement sonore.

gaz, peuvent être également rendues visibles. Un verre à moitié rempli d'eau, vibre comme la cloche dont il vient d'être question, lorsqu'on en frotte les

bords, soit avec le doigt mouillé, soit avec un archet. De plus, on voit alors, sur la surface du
liquide, une multitude de stries, qui se partagent en
quatre, quelquefois en six groupes principaux, et
ces stries sont d'autant plus serrées que le son est
plus aigu (fig. 19). Si l'on
force l'intensité du son,
l'amplitude des vibrations
devient si vive que l'eau
jaillit de chaque groupe
en pluie fine.

Enfin, si l'on adapte à
une soufflerie un tuyau sonore, on peut constater les
vibrations de la colonne
d'air intérieure de la façon
suivante : on suspend à
l'aide d'un fil un cadre recouvert d'une membrane
tendue à l'intérieur du
tuyau. Quand le tuyau ré-
sonne, on aperçoit les
grains de sable dont la
membrane était préala-
blement recouverte sau-
tiller à la surface, et prouver ainsi l'existence des
vibrations de la colonne
gazeuse, transmises à la

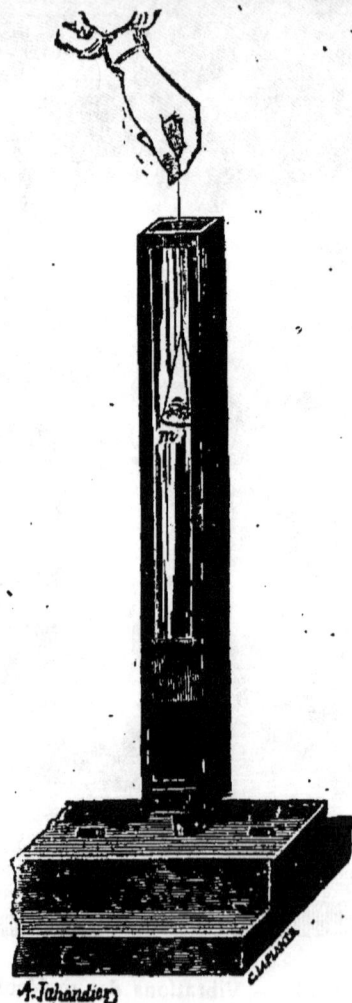

Fig. 20. — Vibrations de la colonne gazeuse d'un tuyau sonore.

comembrane elle-même et
aux grains légers dont elle est saupoudrée (fig. 20).
Nous avons vu que les vibrations transmises par
l'air ont quelquefois une grande énergie, puisque

les vitres frémissent, et même se brisent dans le voisinage d'une détonation un peu forte, comme celle d'une pièce de canon.

Voilà donc un fait fondamental parfaitement démontré par l'expérience. Le son résulte des mouvements vibratoires qu'exécutent les corps élastiques, solides, liquides ou gazeux, vibrations qui se transmettent à l'organe de l'ouïe par l'intermédiaire des divers milieux qui séparent ce dernier du corps sonore. On comprend donc comment il se fait que le son ne se propage pas dans le vide. Le timbre frappé par le marteau sous le récipient de la machine pneumatique vibre quand même; mais ses vibrations ne se transmettent plus, ou du moins ne se transmettent qu'imparfaitement par l'intermédiaire du coussin qui supporte l'appareil et de la faible quantité d'air qui reste toujours dans le vide le plus complet qu'on puisse réaliser.

§ 2. — La hauteur des sons est en raison du nombre des vibrations sonores.

Nous avons vu que les sons se distinguent les uns des autres par plusieurs caractères, que nous avons définis au début du chapitre qui précède.

Le plus important de ces caractères, tant au point de vue physique qu'au point de vue musical, est la *hauteur*, c'est-à-dire le degré d'acuité ou de gravité du son. Tout le monde distingue les sons aigus des sons graves, quel que soit d'ailleurs le corps sonore qui les produise. Deux sons de même hauteur sont dits à l'*unisson*. En général, les oreilles les moins exercées reconnaissent l'unisson, et sa-

vent dire quel est le plus haut, de deux sons voisins
de l'unisson. Ce que nous avons à étudier maintenant, c'est la cause physique de ces différences ou
de ces ressemblances. Cette cause, fort simple, la
voici :

La hauteur d'un son dépend uniquement du nombre plus ou moins grand de vibrations qu'exécutent
à la fois le corps sonore et les milieux à l'aide desquels le son se propage. Plus le son est aigu, plus
ce nombre est considérable ; moins est grand le
nombre des vibrations, plus le son produit est grave :
on va voir par quelles expériences les physiciens

Fig. 21. — Roue dentée de Savart.

sont arrivés à constater cette importante loi, et
comment ils ont procédé pour compter ces mou-

vements, que l'œil ou nos autres sens ne parviennent à saisir que d'une manière confuse.

La *roue dentée*, imaginée par Savart, permet de
compter le nombre de vibrations qui correspond à
un son donné. Le son est produit dans cet appareil
par le choc d'une carte contre les dents d'une roue
qu'on fait mouvoir à l'aide d'une manivelle. Lorsque
la vitesse de la roue est très-faible, on n'entend
qu'une série de bruits isolés, dont l'ensemble ne
produit pas, à proprement parler, un son, et dont
la hauteur est par conséquent inappréciable. Mais à
mesure que la vitesse s'accroît, les vibrations multipliées de la carte transmises à l'air produisent un
son continu, dont l'acuité est d'autant plus grande
que la vitesse est elle-même plus considérable. Un
compteur, adapté à la roue dentée, permet de connaître le nombre des tours que fait la roue dans une
seconde : ce nombre multiplié par celui des dents
donne la moitié du nombre total des vibrations, car
il est évident que la carte, d'abord infléchie, revient
sur elle-même et donne deux vibrations simples à
chaque dent qui passe.

Savart obtenait d'une roue munie de 600 dents,
jusqu'à quarante tours par seconde, et par conséquent 48 000 vibrations simples dans ce même
temps, ce qui correspond, comme on le verra plus
loin, à un son d'une acuité ou d'une élévation
extrême.

La *sirène*, dont l'invention est due à un physicien français, Cagniard-Latour, permet aussi de mesurer, et même avec une précision plus grande que
la roue dentée de Savart, les vibrations d'un son
donné.

Dans cet appareil (fig. 22), le son est déterminé par le courant d'air d'une soufflerie qui passe par une série de trous distribués à égale distance sur les circonférences de deux plateaux métalliques, dont l'un est fixe et l'autre mobile. Lorsque les trous se correspondent, le courant d'air passe, et sa force

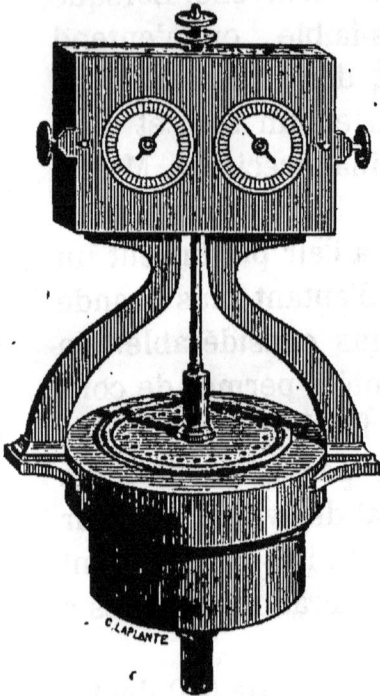

Fig. 22. — Sirène de Cagniard-Latour.
Vue extérieure.

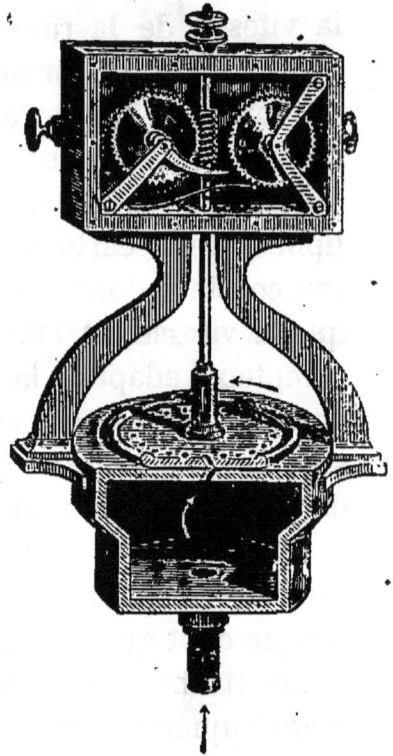

Fig. 23 — Vue intérieure et coupe de la sirène.

d'impulsion, agissant sur les canaux obliques qui forment les trous, détermine le mouvement du plateau supérieur. Par ce mouvement même, la coïncidence cesse, puis se rétablit, cesse de nouveau, ce qui détermine une série de vibrations de plus en plus rapides dans le milieu où est plongé l'instrument. S'il y a 20 trous, c'est 20 vibrations pour chaque tour du plateau ; de sorte qu'en comptant le nombre des tours qui s'effectuent pour un son donné en une seconde, on peut calculer facilement le nombre total des vibrations. L'axe du plateau mobile s'engrène, à l'aide d'une vis sans fin, à une roue dentée, dont le nombre des dents est égal à celui des·divisions d'un cadran extérieur. Quand la roue avance d'une dent, l'aiguille marche d'une division, de sorte que le nombre des divisions parcourues par l'aiguille donne celui des tours, et dès lors, par une simple multiplication, celui des vibrations sonores. A la fin de chaque tour, une came fait tourner une seconde roue d'une division, de sorte que si la première roue a 100 dents, l'aiguille du second cadran indique les centaines de tours.

Le compteur est disposé de telle sorte qu'il ne marche qu'à volonté, c'est-à-dire lorsque la vitesse atteinte a fini par donner le son dont l'évaluation est cherchée. La difficulté est de conserver la constance de vitesse, afin d'avoir un son d'une hauteur invariable pendant un temps suffisamment long.

La sirène fonctionne aussi dans l'eau, et c'est alors le liquide, sortant par les trous sous la pression d'une colonne d'eau très-élevée, qui détermine les vibrations. Le son qui en résulte prouve que les liquides entrent directement en vibration comme les gaz, sans que le son leur soit communiqué par les vibrations d'un solide. Le nom de sirène vient précisément de cette circonstance, que l'instrument chante dans l'eau, comme les enchanteresses de la fable.

La sirène de Seebeck, que représente la figure 24,

est construite d'une façon toute différente; mais le principe est toujours le même, c'est-à-dire que le

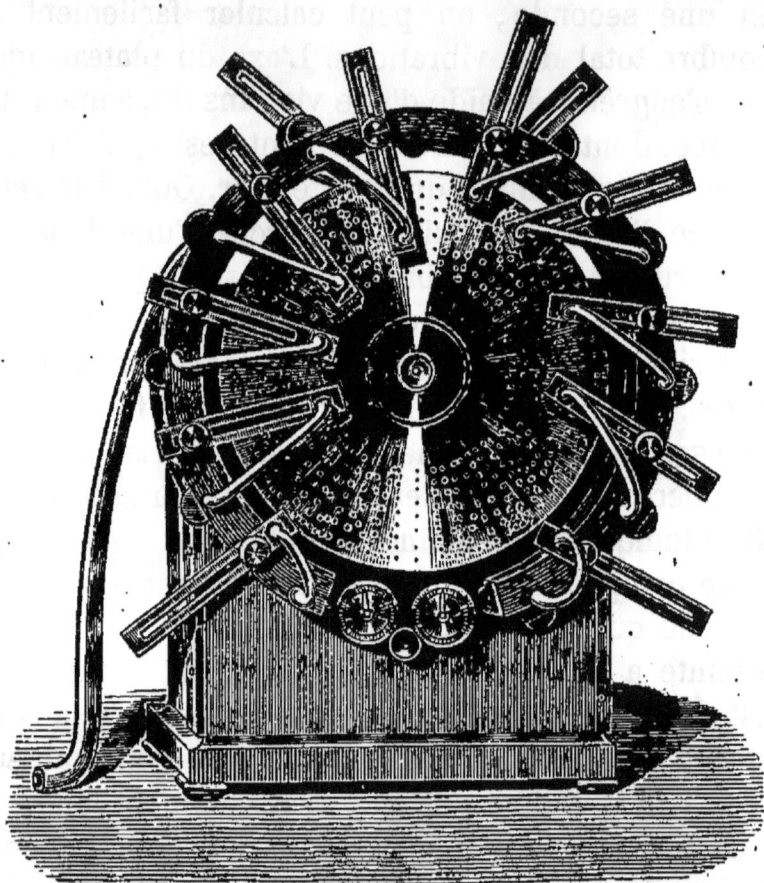

· Fig. 24. — Sirène de Seebeck.

son est produit par le passage de l'air au travers des trous d'un disque. Le disque est mis en mouvement par un mécanisme d'horlogerie, et la vitesse de sa rotation s'évalue aussi à l'aide d'un compteur. Tout autour règne un sommier communiquant avec une soufflerie : c'est le distributeur du courant gazeux que des *porte-vent* en caoutchouc transmettent à celle des séries de trous du disque que désire employer l'expérimentateur.

En variant le nombre et la distribution des trous sur des disques différents, on peut faire avec cette sirène un grand nombre d'expériences.

Fig. 25. — Etude graphique et enregistrement des vibrations sonores.

Enfin des procédés graphiques, récemment imaginés, et dont l'idée première est due à Savart, permettent encore d'estimer avec exactitude le nombre des vibrations sonores.

Un diapason, ou une verge métallique, muni d'une pointe très-fine, trace en vibrant des lignes ondulées sur la surface d'un cylindre tournant, recouvert de noir de fumée. Le nombre des sinuosités ainsi marquées est celui des vibrations. Cette méthode est

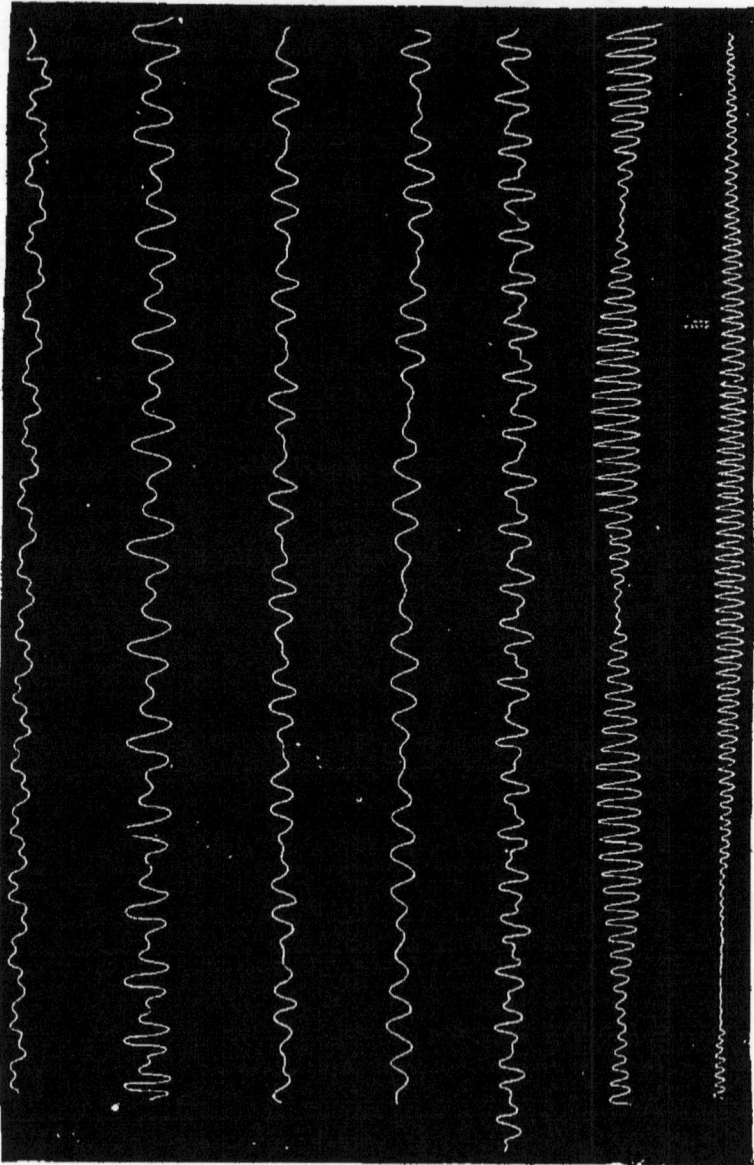

Fig. 26. — Epreuves de la combinaison parallèle de deux mouvements vibratoires.

surtout employée, lorsqu'il s'agit de comparer deux sons entre eux, sous le rapport de leur hauteur.

Par exemple, on peut fixer sur un diapason le style
qui trace les lignes sinueuses, et sur un second
diapason la lame recouverte de noir de fumée où
ces lignes sont tracées. Faisant ensuite vibrer simultanément les deux diapasons, la ligne sinueuse
qu'on obtiendra sera évidemment le résultat de la
combinaison de deux mouvements vibratoires, parallèles si les deux diapasons vibrent dans le même
sens, rectangulaires, s'ils sont placés à angle droit.

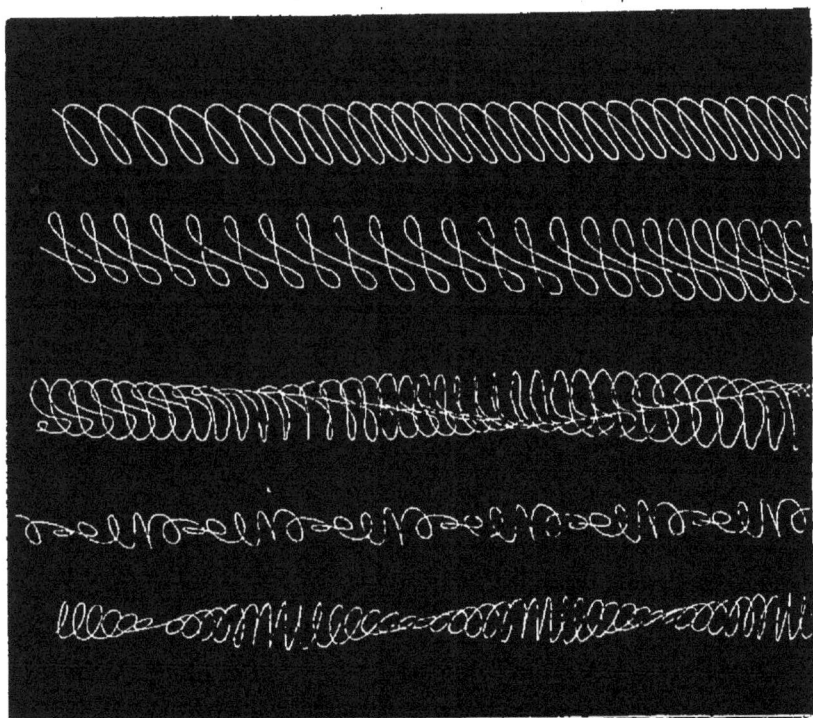

Fig. 27. — Mouvements vibratoires rectangulaires.

Les figures 26 et 27 sont le fac-simile d'épreuves
obtenues par ces deux combinaisons pour divers
intervalles musicaux. Nous y reviendrons plus loin.

§ 3. — Les ondes sonores aériennes.

Nous venons de voir comment les vibrations des corps sonores peuvent être rendues sensibles, comment on arrive à compter leur nombre et à vérifier par l'expérience les lois de leurs variations dans les solides de diverses formes et dans les colonnes gazeuses, cylindriques ou prismatiques. Mais, quand un corps résonne, les vibrations qu'exécutent ses molécules ne parviennent à notre oreille de façon à nous donner la sensation du son, qu'en ébranlant de proche en proche la masse de l'air interposée entre le centre d'ébranlement et nos organes. En l'absence de ce véhicule, le son n'est plus perçu, ou du moins il n'arrive à nous que très-affaibli, après s'être propagé dans les corps solides plus ou moins élastiques, qui établissent une communication indirecte entre le corps sonore et l'oreille. L'air entre donc en vibration lui-même, sous l'impulsion des mouvements qu'effectuent les molécules du corps sonore. Ses couches subissent des condensations et des dilatations successives qui se propagent avec une vitesse constante, quand la densité et la température restent les mêmes, ou si l'on veut quand l'homogénéité du mélange gazeux est parfaite. Nous allons essayer de faire comprendre comment se succèdent les ondes sonores dans l'air ou dans tout autre gaz, et comment on a pu mesurer leur longueur.

Supposons que la lame d'un diapason soit placée en face d'un tuyau prismatique et mise en vibration. Les vibrations vont se propager dans la colonne d'air du tuyau. Voyons ce qui se passe dans les cou-

ches gazeuses, quand la lame exécute une vibration
entière, c'est-à-dire passe de sa position a″ pour
aller en a′ et revenir ensuite en a″, en passant
chaque fois par sa position moyenne a (fig. 28).
Ce mouvement de va-et-vient est analogue à celui
du pendule, de sorte que la vitesse de la lame est
alternativement croissante et décroissante suivant

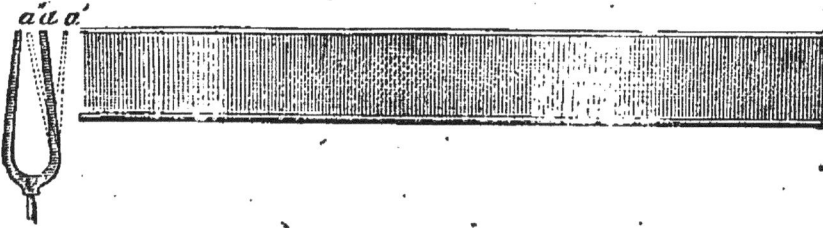

Fig. 28. — Condensations et dilatations qui constituent l'onde sonore
aérienne.

qu'elle s'approche ou qu'elle s'éloigne de la position a. Pendant le mouvement de a″ en a′,
les couches d'air du tuyau, recevant les impulsions de la lame, éprouveront des condensations
successives et inégales qui se transmettront de l'une
à l'autre, sans pour cela qu'il y ait transport des
molécules. Ces condensations, d'abord croissantes,

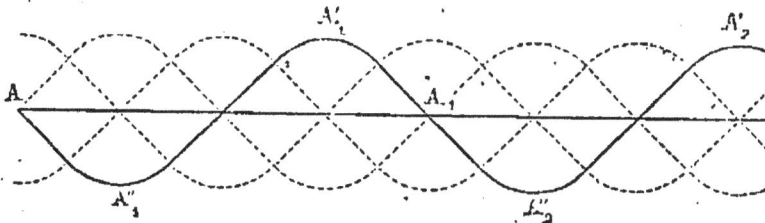

Fig. 29. — Représentation graphique des phases d'une onde sonore.

atteindront un maximum à partir duquel elles dimi-
nueront, jusqu'à ce que la lame vibrante ait atteint
la position a′.

A son retour de a′ en a″, les mêmes tranches

gazeuses revenues à leur densité normale se dilateront au contraire en vertu de leur élasticité, pour remplir le vide laissé en avant de la colonne d'air par la seconde excursion de la lame. Même propagation des dilatations dans les couches gazeuses, dont chacune se trouvera ainsi osciller de chaque côté d'une position d'équilibre, transmettant à la couche suivante les mouvements successifs dont elle-même est animée.

A chaque vibration complète de la lame, correspondent donc une série de condensations : c'est la *demi-onde condensée*; puis une série de dilatations : c'est la *demi-onde dilatée*. Leur ensemble forme une onde sonore complète, qui chemine dans toute l'étendue du tuyau et qui est produite, on le voit, par une vibration double de la lame élastique

Pour représenter à l'œil l'état de la colonne d'air dans toute l'étendue d'une onde sonore, on convient de figurer les divers degrés de condensation par des perpendiculaires situées au-dessus de la direction de l'onde; et, par des perpendiculaires tracées au-dessous de cette direction, les dilatations qui suivent (fig. 29) : ces deux lignes ont une longueur nulle, quand la densité est la densité normale ; leurs longueurs maxima correspondent aux condensations et aux dilatations maxima. La courbe $AA''_{1}A'_{1}A_{1}$ représente alors l'état des couches successives du tuyau au moment où la lame a exécuté une vibration entière; AA_{1} est le chemin parcouru pendant ce temps, c'est-à-dire la longueur de l'onde sonore.

L'espace parcouru par cette onde sera double, triple, etc.... après les deux, trois.... premières vibrations.

Il est facile maintenant de comprendre comment on a pu calculer la longueur d'onde d'un son de hauteur donnée. Supposons un son exécutant 450 vibrations par seconde. A la température de 15°, — si telle est, en ce moment, la température de l'air, — la vitesse de propagation étant de 340 mètres dans le même intervalle, il est clair qu'au moment où le son parvient à cette distance, il y a eu dans l'air autant d'ondes sonores successives que de vibrations complètes du centre d'émission, c'est-à-dire 450. Chacune d'elles a donc pour longueur la quatre-cent-cinquantième partie de l'espace parcouru, c'est-à-dire de 340 mètres : la longueur d'onde est dans ce cas 0 mètre 755 millimètres.

Si l'on passe maintenant du cas où le son se propage dans une colonne prismatique, à celui où la propagation se fait dans tous les sens autour d'un point, les condensations et dilatations successives des couches d'air se distribueront à des distances égales du centre d'émanation. Les ondes seront sphériques, sans que leur vitesse de propagation ni leur longueur changent. Seulement l'amplitude diminuera et par suite l'intensité du son, comme nous l'avons déjà remarqué. La figure 30 donne une idée de la manière dont se distribuent les ondes sonores autour du centre d'émission. On y voit la série des demi-ondes condensées et dilatées, et les courbes ondulées partant du centre montrent que les condensations et les dilatations perdent de leur amplitude à mesure que croît la distance; la dégradation de la teinte a pour objet d'indiquer la même décroissance d'amplitude.

Pour se rendre compte du fait que les ondes se

propagent sans qu'il y ait transport de molécules,
on compare ordinairement les ondes sonores au

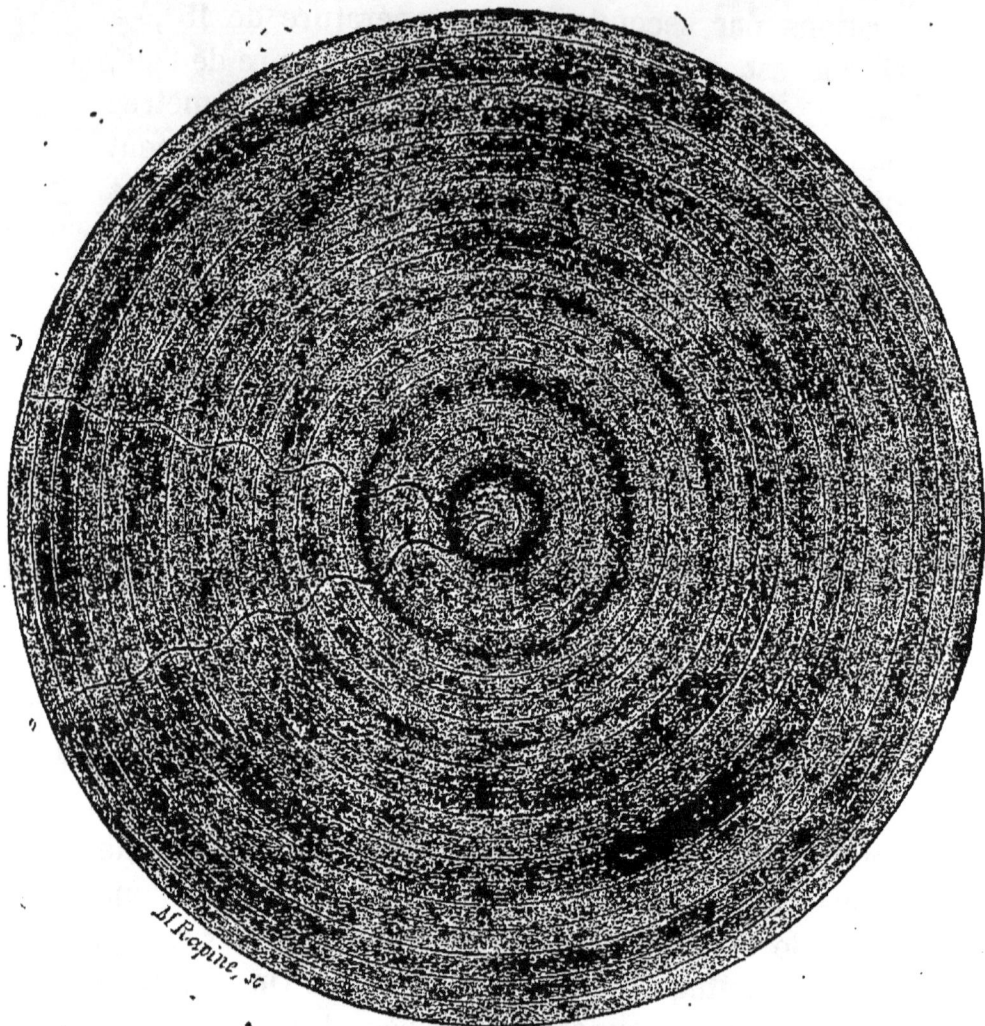

Fig. 30. — Propagation sphérique d'une onde sonore dans un
milieu indéfini.

mouvement d'une corde à laquelle on imprime une
brusque secousse. Les ondulations parcourent la
corde d'un bout à l'autre; si elle est attachée par
une de ses extrémités, l'onde revient sur elle-même.

Dans l'un et l'autre cas, le mouvement se transmet, sans qu'il y ait changement réel dans la distance des molécules au point d'où part l'impulsion. De même, si l'on jette une pierre dans l'eau, l'ébranlement produit dans la masse liquide se propage suivant une série d'ondes concentriques qui s'affaiblissent à mesure que croît la distance, mais sans que les molécules d'eau soient réellement entraînées, comme il est facile de s'en assurer en observant la position fixe que conservent les petits corps flottant à la surface. Mais, dans ces deux exemples, d'ailleurs bien propres à donner une idée de la propagation des ondes sonores, il y a une différence essentielle qu'il ne faut point oublier. Les condensations et dilatations de l'air dues aux vibrations des corps sonores s'effectuent dans le sens même du mouvement de propagation : elles se font parallèlement à la direction de chaque rayon sonore, tandis que les ondulations de la corde, ou celles de la surface de l'eau, s'effectuent dans un sens perpendiculaire au mouvement de propagation. On sait que tel est précisément le cas des ondes qui cheminent dans le milieu qu'on nomme éther, et qui ont pour origine les vibrations des sources lumineuses [1].

§ 4. — Superposition des ondes sonores.

Tout cela nous rend parfaitement compte de la transmission d'un son unique que l'air transporte pour ainsi dire jusqu'à notre oreille. Mais si l'air est

---

[1]. Voir le chapitre IX (p. 141) de notre ouvrage LA LUMIÈRE ET LES COULEURS.

ainsi le véhicule des vibrations sonores, comment se fait-il qu'il propage, sans les troubler, celles de plusieurs sons simultanés?

Nous assistons à un concert; **de** nombreux instruments émettent à chaque instant des sons qui diffèrent par l'intensité, par la hauteur, par le timbre. Les centres d'émission sont diversement distribués dans la salle; comment la masse d'air que l'enceinte renferme, peut-elle à la fois transmettre tant de vibrations, sans qu'il y ait complète cacophonie? Ou bien encore, c'est le matin. La pluie tombe fine et drue, et les gouttelettes en frappant le sol, font une multitude de petits bruits qui arrivent distincts à l'oreille; les chants des oiseaux que la venue du printemps réveille partout, s'élèvent dans l'air et semblent percer la légère brume dont la pluie raye l'horizon. Par-dessus tout ce gazouillement et ce ramage, le chant du coq, les aboiements des chiens, les cahots d'une lourde voiture sur la route pavée, le son des cloches, par-ci par-là des voix humaines, tout cela chante, crie, parle, résonne à la fois, sans qu'il en résulte pour l'oreille aucune confusion. Ces sons multiples dont la simultanéité serait discordante, s'ils se produisaient tous dans un espace resserré, et que leurs résonnances vinssent les troubler encore, se noient dans la vaste étendue des couches d'air qui surplombent la plaine, se fondant ainsi dans une douce harmonie. Ici, la même question se présente encore. Comment l'air peut-il transmettre à la fois et distinctement tant d'ondulations émanées de centres différents, tant de vibrations qui ne sont point isochrones? Comment l'intensité, la hauteur et le timbre de chaque son peuvent-ils coexister, sans altération, dans ce milieu élastique et mobile?

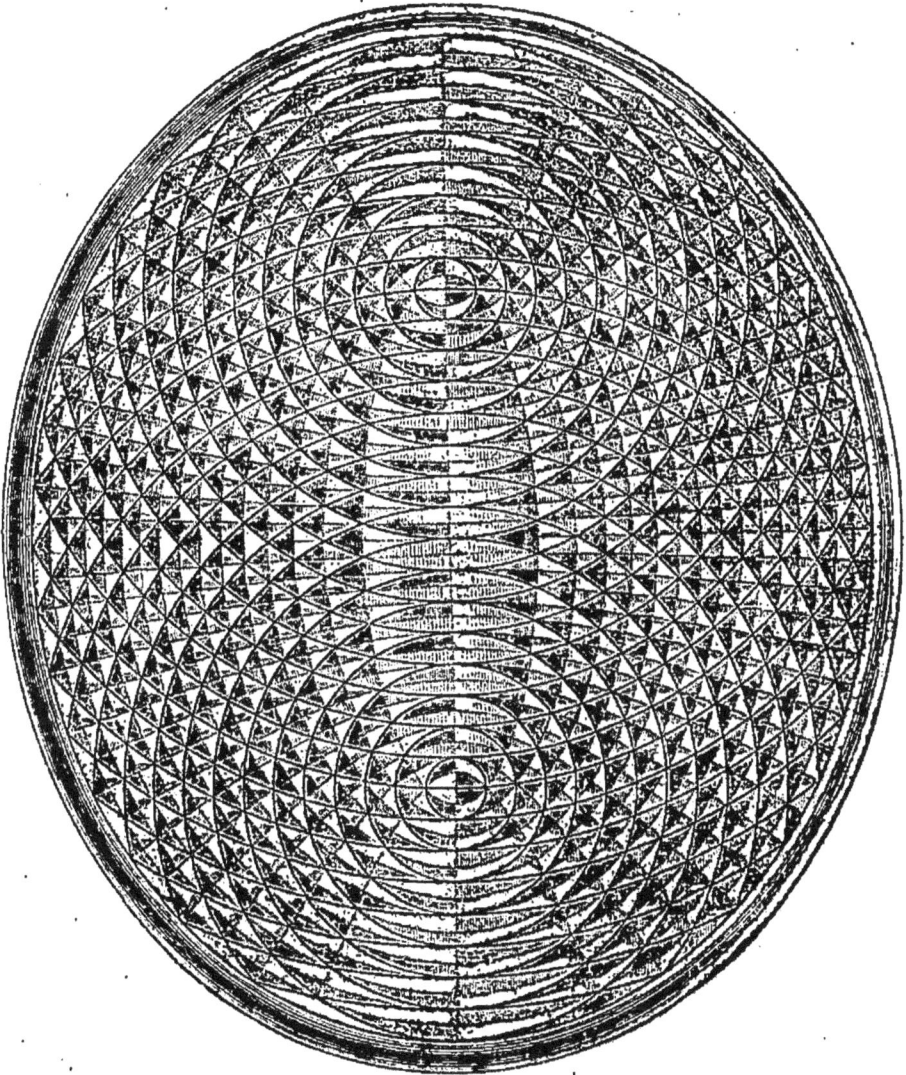

Fig. 31. — Coexistence des ondes. Propagation et réflexion des ondes liquides à la surface d'un bain de mercure.

Il y a là un problème dont les données paraissent si complexes, qu'elles échappent à l'analyse. Cepen-

dant la théorie rend compte de ces phénomènes
dont l'explication paraît si difficile au premier abord,
et des expériences simples justifient ses conclusions.
Deux savants géomètres du dernier siècle, Daniel
Bernouilli et Euler ont démontré le principe de la
*coexistence des petits mouvements, des petites
oscillations* dans un même milieu. Voilà pour la
théorie.

Maintenant, jetez dans l'eau en des endroits voisins, deux ou plusieurs pierres, vous verrez les
cercles concentriques produits par chacune d'elles
s'entre-croiser sans se détruire, surtout si leur amplitude n'est pas trop grande. La figure 31, que
nous empruntons à l'ouvrage d'un savant physicien,
M. Weber, montre à la fois comment les ondes se
croisent à la surface d'un liquide, et comment elles
se réfléchissent sur les parois du vase. La forme de
ce dernier est elliptique ; il est plein de mercure, et
les ondes qu'on aperçoit à sa surface sont celles
qu'a produites la chute d'une gouttelette du liquide à
l'un des foyers de l'ellipse. Il en est résulté des
ondes circulaires concentriques à ce foyer, puis des
ondes réfléchies, qui toutes viennent concourir au
second foyer de la courbe. Les choses se passent
évidemment de la même façon que si deux gouttelettes étaient tombées à la fois à chaque foyer.

Cette ingénieuse expérience démontre donc, d'une
part, la coexistence des ondes simultanées, et d'autre
part, la loi de leur réflexion. En faisant la restriction
dont nous avons parlé plus haut sur la direction
des ondes sonores, elle donne une idée fort juste de
la réflexion des sons et de leur propagation simultanée dans l'air.

§ 5. — Distinctions entre les sons musicaux et les bruits.

On donne généralement le nom de *sons musicaux* aux sons susceptibles d'être comparés entre eux sous le rapport de la *hauteur;* on réserve le nom de *bruits* aux sensations auditives dont l'oreille ne peut apprécier le degré de gravité ou d'acuité. Cette distinction, que tout le monde fait aisément, peut-elle être définie scientifiquement ou n'est-elle due qu'à l'imperfection, au défaut de sensibilité ou d'expérience de l'organe de l'ouïe? Y a-t-il, en un mot, une différence spécifique, essentielle entre un bruit et un son musical?

Commençons par donner quelques exemples des deux modes de sensation.

Pour tout le monde, le choc de deux pierres l'une contre l'autre, en général celui de deux corps solides peu élastiques ou de forme irrégulière, le roulement d'une voiture sur le pavé, le claquement d'un fouet, les détonations des matières explosives, le grondement des vagues, le gémissement du vent dans les bois, etc... sont des bruits. Il paraît, du moins au premier abord, impossible d'assigner le ton, la hauteur musicale de ces sortes de sons. Le contraire arrive tout naturellement pour les sons que donnent les instruments de musique, puisque la construction de ceux-ci, qu'il s'agisse d'instruments à cordes, à tuyaux ou à vent, a précisément pour objet la production de sons comparables sous le rapport de la hauteur : les différences de timbre ou d'intensité n'ôtent rien à cette qualité essentielle qui leur a fait donner leur nom.

Nous ne savons pas encore en quoi consiste le bruit ; mais on vient de voir que la hauteur musicale d'un son ne dépend que d'un seul élément, de la rapidité de la vibration qui anime les molécules du corps sonore, et que celui-ci transmet régulièrement, périodiquement à l'oreille. Le nombre de ces vibrations isochrones étant connu, la hauteur du son est déterminée. Nous avons vu que la sensibilité de l'oreille est limitée, que nous ne parvenons à comparer et à percevoir les sons musicaux que si le nombre des vibrations simples est compris entre 32 et 73,000 ; mais cette question de sensibilité ne change rien à la nature de la vibration du corps sonore.

Quand un son musical est entendu seul, la sensation auditive reste constamment semblable à elle-même ; l'intensité et le timbre peuvent varier, il est vrai, mais ce qui persiste, c'est le nombre des vibrations et leur synchronisme. C'est ce que dit Helmholtz dans sa *Théorie physiologique* de la musique. « Une sensation musicale apparaît à l'oreille comme un son parfaitement calme, uniforme et invariable ; tant qu'il dure, on ne peut distinguer aucune variation dans ses parties constitutives, » sauf la réserve que ce savant oublie de faire sous le rapport du timbre et de l'intensité.

Le mélange de deux ou plusieurs sons musicaux donne encore la sensation d'un son musical, sensation plus ou moins agréable, selon le rapport des hauteurs des sons composants. Il peut y avoir dissonance, sans que l'oreille cesse de sentir qu'elle a affaire à des sons comparables entre eux, sous le rapport de la hauteur. Toutefois, dans ce cas, le mélange de sons discordants donne une impression qui approche de la sensation du bruit, et qui en approchera d'autant plus que la durée de chaque son élémentaire sera plus courte.

Qu'on frappe à la fois, brusquement et brièvement, toutes les touches d'un piano, ou qu'on les parcoure très-rapidement d'un bout à l'autre, la cacophonie qui en résultera ressemblera déjà beaucoup à ce que nous appelons un bruit. Même chose arriverait sur un violon, si l'on glissait très-vite le doigt d'un bout à l'autre de la corde attaquée par l'archet ; on sent bien sans doute encore que le miaulement qui en résulte est formé de sons musicaux ; cependant l'oreille est impressionnée d'une façon analogue à celle du vent qui bruit ou gronde, en montant et descendant. La transition du son au bruit paraît donc se faire d'une façon insensible ; et l'on pourrait déjà conclure de là que certains bruits sont des mélanges de sons musicaux, combinés irrégulièrement en dehors des lois de l'harmonie. La cause physique du bruit proviendrait en ce cas de la coexistence dans l'air d'un nombre plus ou moins grand de vibrations, dont chacune peut être périodique, synchrone, mais dont les périodes n'ont entre elles aucun rapport simple.

Il paraît y avoir une autre cause à la sensation du bruit, ou, si l'on veut, à la difficulté qu'éprouve l'oreille d'apprécier la hauteur du son : c'est la trop grande brièveté de l'ébranlement sonore. Le bruit d'un coup de marteau sur la pierre ou le bois, du choc de deux pierres, le claquement d'un fouet, la détonation d'une arme à feu paraissent être dans ce cas. On fait, dans les cours de physique, diverses expériences qui prouvent fort bien que l'impossibilité d'apprécier la hauteur musicale de ces sons n'est que relative : c'est qu'alors la durée de leur impression sur l'oreille est trop courte; mais si l'on fait se succéder sans interruption divers bruits de ce genre, l'impossibilité disparaît.

Par exemple, on a sept morceaux de bois, de forme et de dimensions convenables; si on les jette séparément sur le pavé, l'oreille ne perçoit que des bruits, dont elle ne sait apprécier la hauteur; en les jetant successivement dans l'ordre du plus gros au plus petit, on reconnaît la *gamme* des sons telle qu'on l'emploie en musique. Le premier, le troisième et le cinquième projetés de la même manière font entendre très-distinctement l'*accord parfait*. Une expérience analogue se fait avec trois tubes cylindriques, munis chacun d'un piston qui entre à frottement. En enlevant brusquement le piston d'un des tubes, l'oreille ne perçoit qu'un bruit; si les pistons sont retirés rapidement les uns après les autres, du plus grand au plus petit cylindre, l'oreille perçoit trois sons qui forment aussi l'accord parfait, si la longueur relative des tubes a été convenablement calculée.

Quand on incline une carafe presque pleine d'eau, comme pour verser le liquide, des bulles d'air pénètrent successivement à l'intérieur du vase, et l'introduction de chacune d'elles ne produit qu'un bruit. En les faisant succéder rapidement, on peut constater aisément que ces sons passent du grave à l'aigu : ils sont alors comparables sous le rapport de la hauteur. Voici deux autres exemples que nous empruntons à la *Physique* de M. Daguin : « Si l'on fait claquer les doigts en faisant tomber brusquement le médium entre la base du pouce et l'annulaire appuyé contre cette base, on peut reconnaître la quinte ou à peu près, si l'on élève et abaisse successivement le petit doigt, de manière à accourcir ou allonger la colonne d'air renfermée entre les doigts. Si l'on forme sur une table deux bulles de savon hémisphériques, gonflées avec un mélange de gaz hydrogène et oxygène, et dont les diamètres soient entre eux :: 1 : 2, en les enflammant l'une après l'autre, on reconnaîtra l'intervalle d'octave. » Il n'est pas douteux que l'oreille, en s'exerçant fréquemment, n'arrive dans beaucoup de cas à évaluer la hauteur de sons que l'on considère comme de simples bruits, et à ranger ces bruits au nombre des sons musicaux.

Savart a essayé de déterminer la limite de brièveté des sons, en ce qui concerne la possibilité d'en apprécier la hauteur, et il a conclu de ses expériences, faites au moyen de la roue dentée, qu'il est possible de donner la hauteur d'un son dont la durée ne dépasse pas un cinq-millième de seconde.

Il semble donc que le bruit diffère du son musical, ou bien parce qu'il est produit par un mélange de sons discordants, ou bien parce que la durée de l'ébranlement est trop courte pour que l'oreille apprécie la hauteur du son simple et isolé qui le constitue. Nous venons de citer des faits qui justifient chacune de ces hypothèses. En voici d'autres qui viennent encore à l'appui de la première.

C'est toujours à notre célèbre acousticien Savart que les expériences suivantes sont dues. Pour analyser les bruits, pour séparer les uns des autres les sons confus dont il supposait ces bruits formés, il s'éloignait à des distances variables d'une surface sur laquelle les sons venaient se réfléchir, par exemple d'un mur vertical. Il reconnut ainsi que les sons aigus dominent, si l'oreille est rapprochée de la surface réfléchissante ; ce sont les sons les plus graves qui se distinguent à mesure que l'oreille s'éloigne. Le bruissement des vagues de la mer, le bruit causé par le froissement d'un papier qu'il tenait à la main et analysés de cette façon, ont fait voir qu'ils étaient formés par la réunion d'une multitude de sons qui, séparés, étaient comparables entre eux au point de vue de la hauteur ou du ton.

Nous verrons, en parlant de la théorie du timbre, comment on peut analyser les sons composés, à l'aide d'un appareil fort simple auquel on donne le nom de *résonnateur*.

En résumé, on voit que le son musical est caractérisé par l'uniformité, la régularité, la constance des vibrations périodiques et isochrones du corps sonore et par suite des ondes aériennes qui transmettent ces vibrations à l'oreille. Au contraire, un bruit est produit soit par un mélange de sons discordants et confus, soit par une trop grande brièveté dans la durée d'un son unique, brièveté qui ne permet pas à l'oreille d'apprécier sa hauteur. Des sons musicaux combinés de manière à satisfaire l'oreille, c'est-à-dire selon les lois de l'harmonie, ne forment pas un bruit; mais rien ne ressemblerait plus au bruit que le mélange des sons musicaux résultant de tous les instruments d'un orchestre, jouant à la fois dans tous les tons, sans rhythme, sans harmonie, sans mesure. Toutes les vibrations ainsi coexistantes dans l'air, se contrariant de toutes les manières possibles, donneraient lieu à la plus horrible cacophonie.

§ 6. — Pierres musicales ; phénomène du Gebel-Nagus; statue de Memnon.

Le son que donne un corps sonore en vibration approche d'autant plus d'être un son musical que le corps a des dimensions et une forme plus symétrique et régulière, que l'élasticité de la matière qui le forme est plus grande et qu'elle est plus homogène. La façon dont les vibrations sont produites paraît aussi y être pour quelque chose. C'est ainsi qu'une pierre jetée sur le sol ne donne d'habitude qu'un bruit : projetée avec une fronde, elle tourne rapidement sur elle-même et le ronflement qui en résulte est alors un son dont la hauteur peut être appréciée; la même chose arrive, si en projetant la pierre sur un sol dur, résistant et par suite doué d'une certaine élasticité, on a soin de la lancer de manière à lui imprimer une rotation rapide sur elle-même. En la faisant ricocher sur une nappe d'eau que la gelée a recouverte d'une couche de glace suffisamment épaisse, on entend une suite de sons qui ont tout le caractère des sons musicaux.

Des pierres convenablement suspendues, et choquées rendent quelquefois des sons musicaux: voici quelques faits, relatifs à cette propriété singulière, que nous empruntons au journal scientifique *La Nature* [1]:

1. La direction de cette intéressante Revue est entre les mains de M. Gaston Tissandier, le courageux compagnon des deux martyrs de leur dévouement à la science, MM. Sivel

« M. Richard Nelson écrit au journal anglais *Nature* une lettre intéressante où il parle de certaines pierres musicales qui se rencòntrent assez fréquemment aux environs de Kendale, ville voisine de Lancastre, dans le Westmoreland. En me promenant aux environs de Kendale, dit cet observateur, à travers les monts et les rochers, il m'est souvent arrivé de ramasser certains cailloux que l'on appelle ici « les pierrés musicales. » Elles sont généralement plates, usées par le temps, et offrent des formes particulières; quand on les frappe d'un morceau de fer ou d'une autre pierre, elles rendent un son musical, bien différent du bruit sourd que produirait un caillou ordinaire. Les sons obtenus sont généralement assez analogues, mais je connais des personnes qui possèdent huit de ces pierres, qui frappées successivement produisent une octave, très-nette, très-distincte. « Nous nous rappelons, ajoute le recueil français, avoir vu à Paris, dans une fête publique, un physicien en plein vent qui jouait des airs de musique, en frappant d'une tige de fer, de gros silex pendus à des fils de soie. Les sons obtenus étaient limpides et purs : les pierres siliceuses avaient des formes très-irrégulières. » Ces espèces d'harmonica n'ont rien de mystérieux : la sonorité de ces pierres est due certainement à l'homogénéité et à l'élasticité de l'espèce minérale qui les constitue. Voici un fait que nous nous expliquons moins, ce qui tient peut-être au défaut de clarté de la description : « Un musicien distingué,

et Crocé-Spinelli, morts le 15 avril 1875, dans une mémorable ascension aéronautique.

M. A. Elwart, a eu l'idée de frapper de la paume de la main la vasque de pierre qui est dans la cour d'honneur de l'Institut. Il a reconnu que cette vasque rend un son musical qui correspond avec une extrême précision à *l'accord parfait majeur* de fa naturel. » Qu'un son soit à l'unisson de celui que les musiciens appellent le *fa*, fort bien, mais qu'à lui seul il forme un accord parfait, c'est ce qui nous paraît bizarre et ce que le rédacteur de la *Nature* n'explique point.

Enfin voici encore, d'après le même recueil, un fait assez curieux, observé par le capitaine Palmer, sur les flancs du Gebel-Nagus, colline sablonneuse voisine du Sinaï. « L'étendue de la pente sablonneuse s'élève jusqu'à 60 mètres de haut. Le sable paraît différer peu de celui du désert environnant ; ses grains, assez forts, sont des débris de quartz. Ils sont de même nature que les rochers des environs, friables, ayant la cassure jaunâtre, ils sont brûlés du soleil. Ce sable est si homogène et si propre qu'il suffit du passage d'un homme, d'une bête de somme ou du vent pour provoquer sur cette pente, inclinée environ à 29°, le départ d'une traînée. Quelquefois aussi l'excès de chaleur combiné avec la pluie déterminent une séparation de la croûte superficielle avec les particules sablonneuses. Quand le mouvement du sable acquiert une certaine importance, il se forme de petites ondulations de sept ou huit centimètres de hauteur, que l'on pourrait comparer avec quelque exactitude à de l'huile ou à un liquide épais qui coulerait sur une glace avec des courbes et des festons variés. On entend alors un bruit singulier ; léger au début, il augmente avec la rapidité de progression du sable, jusqu'à ce qu'atteignant son maximum d'intensité, il soit perceptible à distance. Il dure pendant tout le temps que le sable glisse sur la pente.

« Ce son est difficile à décrire ; il n'est ni métallique, ni vibratoire[1] ; il ressemblerait plutôt aux notes les plus aiguës d'une harpe éolienne, ou bien encore au grincement produit par un bouchon que l'on promène durement sur un verre mouillé, on pourrait aussi le comparer au bruit de l'air chassé rapidement d'un flacon vide ; tantôt il produit à l'oreille du voyageur l'effet du tonnerre éloigné, tantôt celui des sons graves du violoncelle. Le capitaine Palmer aurait observé que les couches superficielles étaient plus propres à la sonorité que les couches sous-jacentes. Le sable, à la température d'environ 40° centigrades, est d'autant plus mobile que la sécheresse détermine le glissement ; si le mouvement du sable se produit quand il y a un peu d'humidité à sa surface, le bruit est insensible. »

En somme, nous voyons ici un phénomène acoustique analogue à celui de la roue dentée de Savart, c'est-à-dire une multitude de chocs, successifs dans le premier cas, à la fois simultanés et successifs dans le second, déterminant la production d'un son musical. Le choc est plus net, les grains plus élastiques, quand le sable est sec ; cela se conçoit ; ce que l'observateur ne dit point et qu'il eût été curieux de savoir, c'est si le son variait de hauteur

---

1. Nous ne comprenons pas bien ce qu'entend le narrateur par ces expressions « ni *métallique* ni *vibratoire*, » tout son étant nécessairement vibratoire.

comme il variait d'intensité, à mesure que croissait la rapidité de descente d'une traînée.

Une ancienne tradition affirme qu'au lever du soleil, quand les premiers rayons de l'astre venaient frapper la statue colossale de Memnon, dans la Thèbes d'Egypte, des sons harmonieux émanaient de la bouche divine du prince, phénomène qui semblait miraculeux pour les foules. Des débris de la statue subsistent encore, et nous ignorons s'ils sont encore doués de cette propriété singulière. Il n'y aurait rien d'impossible à la réalité du phénomène en lui-même. On vient de voir que certaines pierres ont une sonorité assez grande pour être appelées *pierres musicales*; d'ailleurs, on conçoit que l'élévation inégale de température des diverses parties du bloc de granit, détermine, au lever du soleil, des dilatations partielles et qu'il en résulte des mouvements moléculaires semblables à ceux de l'instrument de Trevelyan. C'est ainsi que certains poêles de fonte, chauffés très-inégalement dans leurs diverses parties, rendent par moments des sons très-distincts. On a émis aussi l'opinion que l'air contenu dans des fentes de la pierre, chauffé par les rayons solaires, peut entrer en vibrations, reproduisant ainsi le phénomène des flammes chantantes. Mais avant de disserter sur la cause probable du fait, il serait important d'être assuré de sa réalité.

Fig. 32. — Statues de Memnon.

CHAPITRE VI

LES VIBRATIONS SONORES

§ 1. — Les vibrations pendulaires.

Le son est dû à un mouvement vibratoire des
corps ou des milieux élastiques. Les expériences
que nous venons de décrire ont mis ce fait en
pleine évidence.

Nous allons essayer maintenant d'étudier d'une
manière plus intime la nature de ce mouvement,
les formes qu'il affecte, selon qu'il s'effectue dans
un milieu solide, dans un liquide ou dans une masse
gazeuse. Cette étude est l'objet d'une branche de la
science, très-élevée, très-délicate et difficile : nous
devrons donc nous borner à donner une idée des
faits d'expérience et des principes sur lesquels elle
repose.

Considérons d'abord le mouvement vibratoire
dans les corps solides élastiques.

Soit une tige ou lame mince, en métal, encastrée

ou fixée par une de ses extrémités. En la dérangeant de sa position d'équilibre, ce qui change en
ligne courbe, la ligne droite qu'elle formait, puis
l'abandonnant à elle-même, elle va faire une série
d'oscillations, et il en résultera la production d'un
son, dont la hauteur
et l'intensité dépen-
dront du nombre des
oscillations et de leur
amplitude. Comment
s'exécutent ces oscil-
lations ou vibrations?

Au moment où la
main qui a écarté la
tige de sa position
rectiligne d'équilibre,
l'abandonne, la vi-
tesse d'un quelcon-
que de ses points, de
son extrémité par
exemple, est nulle ;
puis cette vitesse va
aller en augmentant
jusqu'à ce que la tige
soit revenue à son

Fig. 33. — Vibrations pendulaires.

point de départ ; là, sa vitesse est maximum ;
elle est donc capable de faire dépasser à la tige
cette position : seulement, la force d'élasticité
s'exerçant alors en sens opposé va tendre à diminuer la vitesse. Elle la diminue en effet jusqu'à la
rendre nulle, ce qui arrive lorsque la tige s'est
écartée à gauche d'une quantité précisément égale
à celle dont elle avait été écartée à droite, à l'ori-

gine. Elle va donc maintenant prendre un mouvement en sens contraire; mais cette seconde excursion sera en tout symétrique de la première, de sorte que la tige reviendra à sa position d'équilibre et s'en écartera vers la droite, et ainsi de suite indéfiniment. D'où l'on voit que, s'il n'y avait aucune résistance, aucune cause de perturbation, le mouvement oscillatoire durerait toujours le même. Le frottement, la résistance de l'air agissent pour le détruire, diminuent à chaque période l'amplitude de l'oscillation qui finit par devenir nulle, et alors la tige élastique reprend sa position d'équilibre et reste en repos.

On voit que le mouvement vibratoire dû à l'élasticité est semblable en tous points, sauf en ce qui regarde la vitesse, au mouvement d'un pendule oscillant sous l'action de la pesanteur. La forme de vibration qui en résulte est pour cela caractérisée par le nom de *vibration pendulaire*[1]. Dans cet exemple, comme dans celui du pendule, les oscillations ont une durée indépendante de l'amplitude, mais qui varie avec les dimensions, la forme de la tige et de la substance qui la compose. Cet isochronisme est une propriété capitale, aussi bien en acoustique qu'en

1. On nomme *oscillation* ou *vibration*, soit la période de mouvement comprise entre la position d'équilibre et le premier retour à cette position, soit la période double comprise entre deux retours consécutifs de la tige à la même phase du mouvement. En France on distingue ces deux périodes en affectant à la première le nom de *vibration simple* et à la seconde celui de *vibration double*, ce qui est conforme à l'usage adopté pour les mouvements du pendule. Les Allemands nomment vibration ce que nous appelons vibration double. Il résulte de là que les nombres de vibrations sont pour eux, moitié moindres que les nôtres.

pesanteur. En effet, on a vu que le nombre constant des vibrations exécutées en une seconde par un corps sonore détermine la *hauteur* du son produit. Que, pour une cause ou une autre, l'isochronisme cesse, le nombre de vibrations va ou diminuer ou augmenter ; le son deviendra plus aigu ou plus grave.

Nous avons pris ici un exemple particulier, celui d'une verge rigide fixée par une de ses extrémités, et nous avons supposé que nous développions son élasticité, en agissant sur un de ses points par flexion. Mais quels que soient le mode d'action, la forme du corps solide et la nature de son élasticité, la nature du mouvement vibratoire reste essentiellement la même. Si nous avions considéré une corde tendue, au lieu d'avoir un corps élastique par lui-même, nous aurions eu un corps doué d'élasticité par tension ; mais qu'on fasse vibrer cette corde par flexion en la pinçant, ou lui donnant un choc, ou en la frottant avec un archet, chacun de ses points n'en décrira pas moins le même genre de mouvement ; ses vibrations seront toujours analogues à celles du pendule. Enfin, au lieu de faire mouvoir le corps élastique perpendiculairement à sa longueur, ce qui produit des vibrations *transversales*, on pourrait lui imprimer un mouvement dans le sens de cette longueur : une tige métallique, par exemple, sur laquelle on promène le doigt mouillé, ou un morceau d'étoffe saupoudré de colophane éprouve alors dans sa longueur des contractions et dilatations périodiques d'où résulte la production d'un son. En ce cas, les vibrations sont *longitudinales*. Mais le mouvement élémentaire de chacune de ces molécules

est toujours décomposable dans les mêmes phases
que nous avons analysées plus haut : c'est toujours
un mouvement analogue à celui du pendule ; les
vibrations sont toujours des vibrations pendulaires.

Une cloche ou un timbre, une membrane tendue,
une plaque sonore, etc... en un mot, un solide élastique susceptible d'émettre des sons par percussion,
frottement, etc., vibre toujours de la même manière ;
seulement, comme nous le verrons plus loin, tandis
que certaines parties du corps vibrent, d'autres restent en repos ; il y a des régions où le mouvement
vibratoire a une amplitude maximum, il en est d'autres où ce mouvement est nul ; c'est-à-dire que le
corps sonore se partage en *ventres* et en *nœuds*
qui varient suivant certaines circonstances. Les lois
de ces vibrations sont plus ou moins compliquées ;
mais chaque molécule considérée isolément suit
toujours la même loi constante d'oscillations isochrones.

Comme après tout, les sons produits par les corps
solides vibrants ne sont perceptibles qu'autant que
leurs vibrations se communiquent à l'oreille par un
milieu fluide, liquide ou gazeux, et que, comme
l'expérience nous l'apprend, les qualités du son
dépendent du nombre ou de l'amplitude des vibrations de la source, on peut déjà admettre, par analogie, que les vibrations des milieux élastiques tels
que l'eau, l'air, etc., sont identiques aux vibrations
des solides. Nous avons vu en effet que le mouvement qui constitue les ondes aériennes, mouvement
consistant en condensations et dilatations successives, est analogue à celui que nous avons étudié
plus haut.

On sait que dans l'eau, les sons se propagent comme dans l'air, sauf la différence dans la vitesse de propagation. Pour un même son, les ondes sonores liquides ont une plus grande longueur, mais leur forme est la même : il n'y a rien à changer dans l'explication donnée pour les ondes aériennes.

Ce qui nous reste à exposer, c'est la façon dont les choses se passent quand le son, au lieu de se propager simplement dans les liquides et les gaz, comme il arrive dans le cas où le corps sonore est un solide élastique, prend naissance dans le fluide lui-même. Mais commençons par exposer les phénomènes eux-mêmes.

Nous ne ferons que rappeler, puisque nous les décrirons plus amplement, ceux qui se manifestent dans les tuyaux sonores. Là, une colonne gazeuse, aérienne, de longueur déterminée, enfermée dans les parois d'un tuyau solide, entre en vibration et produit des sons, quand on fait pénétrer par son embouchure un rapide courant d'air. L'entrée en vibration de la colonne d'air a lieu, d'ailleurs, par deux modes différents. Tantôt la lumière du tuyau est munie d'une lame élastique, mince et flexible (anche, battante ou libre), qui entre en vibration sous l'influence du courant d'air; de là, un écoulement périodique de l'air, générateur du son; tantôt, la lumière du tuyau est taillée en biseau et divise le courant gazeux qui la frappe; il en résulte des compressions et dilatations alternatives, des vibrations qui se communiquent à la colonne d'air du tuyau et la font vibrer à son tour. La vibration des lèvres dans les instruments de musique qui, comme le cor, sont des tuyaux terminés par une embouchure

hémisphérique ou conique, ébranle la colonne d'air
et la font vibrer à l'unisson. Enfin les tuyaux vibrent
encore de la même manière, et produisent des sons,
lorsqu'ils sont plongés dans l'eau et qu'un courant
liquide arrive par la lumière du tuyau.

Dans tous ces phénomènes, où les sons sont produits par les vibrations de masses fluides, il y a un
fait commun qui est l'écoulement, par un orifice,
d'une veine liquide ou gazeuse. Il était donc inté-
ressant d'étudier la manière dont les vibrations se
produisent, quand on réduit le fait à sa forme la
plus simple. C'est ce qu'a fait Savart dans une suite
d'expériences sur l'écoulement des veines liquides
qui s'échappent par un orifice percé en mince paroi,
sous l'influence d'une pression plus ou moins grande.
Notre célèbre compatriote est arrivé ainsi à constater de nombreux et curieux phénomènes qui jettent un grand jour sur la question, auparavant si
mystérieuse, de la génération des mouvements vibratoires au sein des liquides et des gaz. Nous ne
pouvons mieux faire, pour donner une idée de ces
recherches, que de citer le résumé fait par M. Maurat dans une conférence que ce savant a faite en 1869
devant la *Société des amis des sciences* :

« Commençons, dit-il, par rappeler quelle est,
d'après Savart, la constitution d'une veine liquide
verticale s'écoulant par un orifice pratiqué en
mince paroi. La partie la plus voisine de l'orifice
est limpide et transparente; elle semble (au moins
quand on ne l'examine pas avec des précautions
particulières) immobile comme une baguette de
cristal. A sa suite, on voit une seconde partie trouble
et présentant des renflements et des étranglements

alternatifs, dont la position reste à très-peu près constante, bien qu'ils soient pro-
duits par des portions de liquide qui se renouvellent
continuellement. Cet aspect
de la veine est fidèlement
reproduit par la figure suivante (premier dessin à gauche de la figure 34).

« Constatons d'abord que
la seconde partie de la veine
doit son apparence à sa discontinuité. Elle est formée
en effet de gouttes séparées
et qui laissent même entre
elles des intervalles considérables relativement à leur
diamètre. Pour s'en assu-
rer, on peut passer rapi-
dement le doigt à travers
la partie trouble ; il arrive
souvent qu'il n'est pas
mouillé. On peut encore,
après avoir très-fortement
coloré le liquide avec une
dissolution d'indigo, tendre
verticalement derrière la
veine un fil suffisamment
éclairé. Ce fil sera caché
par la première partie qui
est continue, mais il sera vu
facilement au contraire à

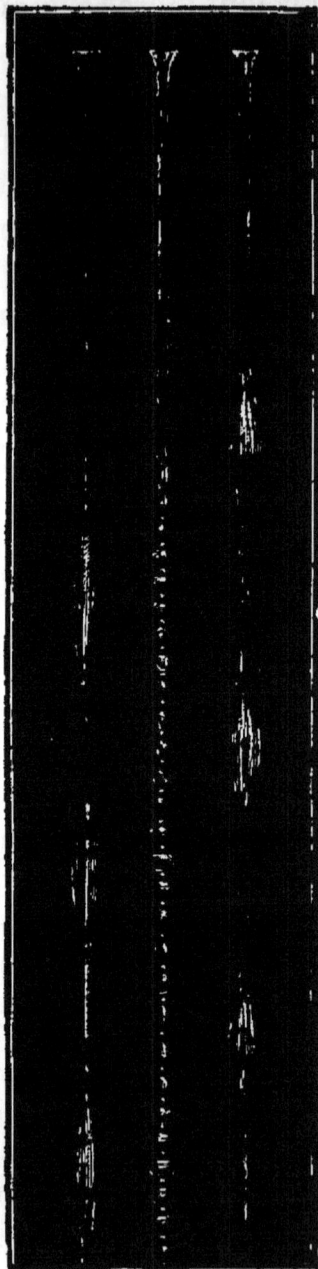

Fig. 34. — Constitution d'une
veine ou d'un jet liquide.

travers la seconde. L'expérience sera plus con-

cluante encore, si l'on emploie un liquide absolument opaque comme le mercure. Enfin, il suffit de
suivre des yeux le mouvement des gouttes, en re-
gardant la veine de haut en bas, pour les apercevoir
nettement distinctes (fig. 34, second dessin). Quelle
peut être la cause de ce phénomène remarquable?

M. Maurat rappelle ici les expériences de Plateau
sur les figures d'équilibre des masses liquides,
quand elles sont uniquement soumises aux actions
mutuelles des molécules. Ces figures sont la sphère,
le cylindre, le plan. Pour un cylindre, l'équilibre est
instable dès que la hauteur dépasse le triple du diamètre; alors la forme cylindrique se détruit et le
cylindre se résout en grosses sphères séparées par
des sphérules de dimensions beaucoup plus petites.

« Or, continue-t-il, une veine n'est autre chose
qu'un cylindre liquide en mouvement dans le sens
de son axe. L'inégalité de vitesse de ses différentes
parties, qui tend sans cesse à diminuer son diamètre, peut bien modifier le phénomène; mais elle
ne peut évidemment en changer la nature, car, pour
des molécules peu éloignées, cette inégalité est très-
faible. La veine liquide doit donc, à partir d'une
très-petite distance de l'orifice, commencer à subir
la même transformation que le cylindre de Plateau;
c'est la rapidité seule du mouvement qui nous cache
les renflements et étranglements qui s'y produisent,
et dont Savart a en effet constaté l'existence. La
partie trouble ne commence qu'au moment où la
discontinuité est établie, c'est-à-dire quand la transformation est complète. Or puisque sa durée est
proportionnelle au diamètre, et que d'ailleurs la
vitesse d'écoulement est à son tour proportionnelle

à la racine carrée de la charge, la longueur de la partie limpide d'une veine devra être aussi proportionnelle à ces deux quantités, ce qui résulte en effet des mesures de Savart. »

Ainsi l'apparence que présente à l'œil le jet ou l'écoulement d'une veine liquide s'explique par la formation de gouttelettes, les unes relativement plus grosses que les autres.

« Parlons d'abord des grosses gouttes. Leurs différentes molécules ne sont pas animées exactement de la même vitesse, puisqu'elles appartenaient à des points de la veine inégalement éloignés de l'orifice. Ces différences de vitesse ont évidemment pour effet de les déformer, et comme elles tendent toujours à revenir à l'état sphérique, elles exécuteront des vibrations qui leur donneront tantôt l'apparence d'ellipsoïdes allongés dans le sens vertical, tantôt, au contraire, d'ellipsoïdes aplatis dans le même sens. En conséquence la veine présentera, dans sa partie trouble, des renflements correspondant aux gouttes qui sont dans le premier cas, des étranglements correspondant à celles qui sont dans le second ; et les vibrations étant sensiblement isochrones, les distances d'un ventre au suivant devront croître comme les espaces qu'un corps pesant parcourt dans les secondes successives de sa chute, c'est-à-dire comme la série des nombres impairs [1].

1. Si les gouttes ne sont pas visibles à l'œil, cela tient à la persistance des impressions lumineuses sur la rétine, qui fait que chaque goutte apparaît à la fois dans toutes les positions successives et sous toutes les formes qu'elle affecte. Cet effet disparaît quand on déplace l'œil verticalement en suivant le mouvement du liquide : alors l'image de la goutte mobile reste fixée au même point de la rétine ; la

« Cherchons maintenant quel doit être l'effet sur le milieu ambiant de la veine constituée comme nous venons de l'expliquer. La succession régulière des gouttes en un point déterminé communique nécessairement à l'air des impulsions périodiques égales, capables de produire un son si elles sont assez rapides. C'est en effet ce que l'expérience vérifie dans la plupart des cas. Il est vrai que le son est ordinairement très-faible, et que, pour l'entendre, il faut approcher l'oreille très-près de la veine; mais on peut l'obtenir plus intense. On choisira pour cela un orifice circulaire assez large, afin que les gouttes soient plus grosses; on fera écouler le liquide bien verticalement et sous une pression suffisante, pour que les impulsions soient plus fortes; enfin il conviendra d'atténuer autant que possible le bruit de la chute dans le réservoir inférieur. » On obtient alors un son musical; dès qu'il prend naissance, on observe un changement notable dans la veine, dont la partie limpide se raccourcit et dont les nœuds et les ventres deviennent plus prononcés (fig. 34, troisième dessin). Ce même changement, cela est digne d'être noté, se remarque, si un son de même hauteur vient à être produit dans le voisinage de la veine liquide.

Ainsi, on le voit, l'écoulement des liquides est accompagné de mouvements vibratoires, qui peu-

goutte paraît en repos et isolée comme elle l'est en réalité. En faisant l'expérience dans l'obscurité, puis en éclairant la veine à l'aide d'une étincelle électrique, la durée extrêmement petite de l'illumination fait voir la colonne liquide sous sa forme véritable, de même qu'un éclair montre immobiles les rais d'une roue animées du mouvement le plus rapide.

vent être assez rapides et assez intenses pour produire des sons. Les expériences de M. Masson prouvent que des phénomènes absolument semblables se produisent dans l'écoulement des veines gazeuses. « Ce physicien, dit encore M. Maurat, a constaté qu'il se produit des sons, quand on fait simplement écouler, par des orifices circulaires convenables, l'air comprimé dans une grande caisse au moyen d'une soufflerie. Le bruit qu'on entend, est analogue à un sifflement et formé par un mélange fort complexe de sons qui diffèrent à la fois par la hauteur et par l'intensité. Si l'on entoure la veine gazeuse ainsi produite d'un tube cylindrique dont elle occupe l'axe, la colonne d'air de ce tube sera ébranlée par ceux des mouvements vibratoires de la veine qu'il peut renforcer, et l'on entendra un son musical très-pur et facilement déterminable. L'appareil sera un véritable tuyau d'orgue. »

Arrivons maintenant à des phénomènes qui ont avec les précédents la plus étroite analogie — nous voulons parler de sons produits par des flammes incandescentes qui ont reçu les noms de *flammes sonores, flammes chantantes* ou *sensibles.*

§ 2. — Flammes sonores ou chantantes.
Flammes sensibles.

Qu'est-ce qu'une flamme? c'est l'incandescence d'une veine gazeuse qui se dégage d'un corps à une température très-élevée. On voit tout de suite, par là, l'analogie qu'il y a entre ce phénomène et celui de l'écoulement d'une veine ou d'un jet liquide. Le premier mouvement est accompagné des vibrations qui naissent au sein du liquide et, se communiquant à l'air ambiant, le font vibrer lui-même et produisent des sons. On pouvait donc prévoir que des vibrations semblables se produiraient au sein des flammes; il restait à constater leur manifestation comme vibrations sonores.

Certains faits, très-familiers, montrent bien que la flamme est accompagnée généralement de bruits. Ainsi, dans une cheminée où le tirage est très-vif, on entend une suite de bruits cadencés, qui cessent si la flamme cesse; si le rideau de la cheminée est baissé, le son devient plus intense, comme dans les ouvertures très-petites des poêles; c'est que le courant d'air, plus prononcé, active la flamme : alors on entend un ronflement sonore qui prend à un certain degré le caractère d'un son musical.

« Si l'on passe rapidement dans l'air, dit Tyndall, une bougie brûlant tranquillement, on obtient une bande de lumière dentelée, tandis qu'un son presque musical, entendu en même temps, annonce le caractère rhythmique du mouvement. Si d'un autre côté on souffle sur la flamme d'une bougie, le bruit produit par son agitation indique aussi une agitation rhythmique. »

Tout cela était connu ; mais les sons qui accompagnent les flammes n'ont commencé à être étudiés
scientifiquement que depuis l'expérience à laquelle
on a donné le nom d'*harmonica chimique* : c'est
la production d'un son musical, par le dégagement
d'un jet d'hydrogène enflammé qu'on recouvre d'un
tube d'une certaine longueur. D'après Tyndall, c'est
au docteur Higgins qu'est due la première observation, en 1777, de ce singulier phénomène. Depuis,
Chladni, de la Rive, Faraday, Wheatstone, Rijke,
Sondhaus, Kundt, et enfin Schaffgotsch et Tyndall,
ont fait sur ce sujet des recherches
dont nous allons donner un résumé
sommaire.

Prenons d'abord l'expérience fondamentale, celle qui consiste à introduire une flamme à l'intérieur d'un
tube de verre long et large, par
exemple, de façon qu'on puisse voir
les mouvements subis par le jet gazeux. Aussitôt que la flamme, jusqu'alors calme, immobile, a pénétré
à l'intérieur du tube, on la voit diminuer de longueur, puis reprendre sa
dimension première, se rétrécir de
nouveau et ces mouvements d'oscillation deviennent de plus en plus
rapides. Tout à coup, un son continu, d'une intensité soutenue, d'un

Fig. 35. — Flamme
chantante.

caractère nettement musical se fait entendre [1].
Alors la flamme semble être redevenue aussi tran-

1. Avec l'appareil de Rijke (fig. 36), on obtient dans un
tube de verre un son dont l'origine a une certaine analogie

quille qu'avant son introduction dans le tube. On
dirait qu'après avoir, par ses vibrations propres,
donné naissance aux vibrations
de la colonne d'air, elle a cessé
elle-même son mouvement.
Mais il n'en est rien ; en réalité,
elle vibre toujours ; mais la rapidité de ses oscillations est telle
que l'œil ne perçoit qu'une sensation continue. On prouve aisément qu'il en est ainsi. Le
moyen le plus simple est de
regarder la flamme, soit à l'œil
nu, soit avec une lorgnette, en
donnant à la tête un mouvement de va-et-vient horizontal.

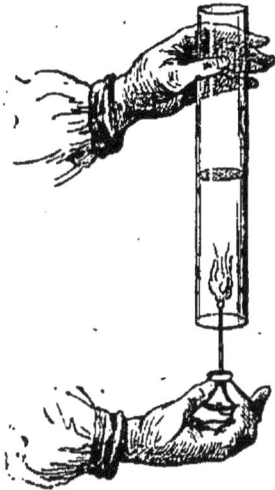

Fig. 36.— Appareil de Rijke.

On peut aussi examiner l'image de la flamme à l'aide
d'un miroir tournant (selon la méthode de Wheatstone). Dans les deux cas, si la flamme était immobile,
conservait une longueur constante, l'œil aurait la
sensation d'une bande lumineuse continue, de même
hauteur que la flamme : c'est ainsi qu'elle apparaît
dans un air tranquille. Il n'en est pas de même, lorsque le son retentit dans le tube ; alors on voit une série
de flammes séparées par des intervalles obscurs, puis,
dans ces intervalles mêmes des flammes plus petites
et plus pâles. « Chaque image, dit Tyndall, se com-

avec celle du son d'une flamme chantante. Ce son se produit quand on a porté au rouge une sorte de fin treillis
métallique fixé dans le tube au tiers de sa hauteur, et
qu'on a retiré la flamme d'alcool à l'aide de laquelle l'élévation de température a été produite. Quand le treillis se
refroidit, le son s'éteint.

pose d'une pointe jaune portée par une base du bleu le plus riche. » Il est donc évident que les vibrations du gaz se manifestent par une série d'extinctions et de ravivements de la flamme, ou du moins, si l'extinction n'est pas complète, comme le prouvent les lueurs plus petites des intervalles obscurs, par des changements périodiques de hauteur et d'éclat. Quelquefois, il n'est pas possible de voir aucun trait lumineux entre deux images consécutives.

Si l'on enfonce la flamme outre mesure dans le tube, les agitations de la flamme prennent une amplitude plus grande, et alors l'air, refoulant la flamme à l'intérieur du tube, peut l'éteindre. Il arrive alors quelquefois, avec l'extinction de la flamme, une violente explosion pareille à un coup de pistolet [1]. L'explication de ce dernier phénomène est d'ailleurs aisée à comprendre : « Supposons en effet, dit M. Maurat, que dans la première partie d'une vibration, l'air rentre dans l'intérieur du bec en repoussant devant lui la flamme, mais sans la refroidir assez pour l'éteindre; pendant la seconde moitié de la même vibration, ce n'est pas du gaz pur, mais bien un mélange de gaz et d'air qui sortira du tube, et son inflammation devra produire une détonation véritable [2].

---

1. Avec un tube de 4 m. 50 de longueur et 1 décimètre de diamètre, et un grand bec à gaz de Bunsen à pomme d'arrosoir, Tyndall obtenait un son d'une telle intensité qu'il ébranlait le parquet et les meubles de la salle d'expériences, et, ajoute le célèbre professeur, « mes auditeurs eux-mêmes sur leurs siéges. »

2. « Remarquons à ce sujet, dit le même savant, que le mélange d'air et de gaz se fait toujours plus ou moins complètement dans une flamme quelconque, même brûlant à

Les expériences qu'on vient de décrire montrent donc que les flammes peuvent jouer le même rôle que les courants d'air ou de liquide à l'aide desquels on ébranle les tuyaux sonores; par elles-mêmes, elles suppléent aux embouchures de flûte et aux anches, sans lesquelles les vibrations ne seraient point produites. On a donc eu raison de les nommer *flammes sonores* ou *chantantes*. Seulement, isolées, elles ne produiraient pas une vibration assez intense pour être perçue par l'oreille, et le tube dont elles sont surmontées est indispensable pour renforcer le son et le rendre sensible.

La hauteur d'un son émis par un tuyau sonore dépend, nous l'avons vu, de la longueur du tuyau, même chose arrive pour les flammes sonores. Si, après avoir pris l'unisson de la note musicale qu'on obtient avec un tuyau d'une longueur donnée, de 1 mètre par exemple, on fait résonner la même flamme dans un tuyau de 2 mètres, le nouveau son

l'air libre. Il n'a pas lieu seulement à la surface mais dans une région très-étendue, puisqu'elle comprend toute la partie éclairante. S'il ne se produit pas d'explosion, c'est qu'un équilibre s'établit entre l'arrivée du gaz et l'afflux de l'air extérieur, de sorte que les mêmes points de l'espace sont le siége d'un phénomène de combustion qui ne varie pas sensiblement d'un instant à l'autre. Il n'en est pas de même dès que le courant gazeux vibre fortement. Les vitesses, alternativement de sens contraires, dont sont alors animés le gaz et l'air environnant, favorisent beaucoup leur mélange. La combustion devient donc intermittente et instantanée, c'est-à-dire qu'elle se fait par une série de petites explosions. La dernière d'entre elles, celle qui produit l'extinction de la flamme, doit être pour cela même d'une intensité exceptionnelle, puisqu'elle est immédiatement suivie d'une diminution considérable du volume de la veine gazeuse, conséquence de son refroidissement subit. »

est précisément l'octave grave du précédent. Avec
des tuyaux plus courts, on obtiendrait des sons plus
aigus. Tyndall, dans ses charmantes expériences
sur les flammes sonores, avait disposé une série de
huit tubes, dont les longueurs étaient calculées de
manière à donner, en résonnant, les sons d'une
gamme, de l'octave grave à l'octave aiguë. A l'aide
d'un tuyau mobile ou curseur en papier dont il sur-
montait l'un de ces tubes, il influait à volonté sur la
hauteur du son, qui devenait plus grave quand le
curseur montait, c'est-à-dire allongeait le tube, plus
aigu quand le curseur descendait.

Mais si l'on compare les sons des flammes chantantes à ceux que donnent les tuyaux d'orgue de
même longueur, on trouve ceux-ci plus graves. La
raison en est simple : la présence des flammes élève
la température des colonnes d'air mises en vibration, et l'on sait que le nombre des vibrations croît
avec la vitesse du son et par conséquent avec la
température, pour une même longueur d'onde.

Du reste, la hauteur du son dépend aussi des
diminutions de la flamme : « En diminuant la quantité de gaz, dit Tyndall, je fais cesser le son que la
flamme rend actuellement. Mais après un moment
de silence, la flamme rend un nouveau son qui est
précisément l'octave du premier. Le premier était
le son fondamental du tube qui entoure la flamme,
le second est le premier harmonique de ce même
tube. » Voici, d'après le même physicien, une autre
manière de montrer l'influence des dimensions des
flammes sur la hauteur des sons qu'elles produisent.
On fait rendre le même son à deux flammes, puis,
en tournant un peu le robinet du gaz, on modifie

légèrement la dimension de l'une des flammes. Au
même instant l'unisson est troublé, des battements
se font entendre. Ou encore, on prend un tube de
verre de 2 mètres de longueur, qu'on fait résonner
au moyen d'une grande flamme d'hydrogène. On
lui substitue un tube de longueur moitié moindre :
on n'entend plus le son musical. « La flamme
est trop grande, dit Tyndall, pour pouvoir s'accommoder aux périodes de vibration du tube plus
court. Mais dès qu'on diminue la hauteur de la
flamme, elle rend un son intensé, à l'octave du son
du premier tube. Enlevons le tube court, et recou-
vrons de nouveau la flamme avec le tube long. Ce
long tube rend, non plus le son fondamental qui
lui est propre, mais celui du tube plus court. Pour
s'accommoder aux périodes vibratoires de la flamme
raccourcie, la longue colonne d'air se divise comme
dans un tuyau d'orgue ouvert qui rend son premier
harmonique. On peut faire varier les dimensions de
la flamme, de manière à obtenir, avec ce même
tube, une série de notes dont les vitesses de vibration
sont dans le rapport des nombres, $1:2:3:4:5$,
c'est-à-dire du ton fondamental et de ses quatre
premiers harmoniques. »

§ 3. — Flammes sensibles.

Nous avons vu que la forme d'une veine liquide
qui s'écoule, est modifiée dès que les vibrations
dont elle est la cause sont susceptibles de donner
naissance à un son ; de plus, la même modification
s'observe si, dans le voisinage de la veine, on produit un son dont la hauteur soit presque égale à

celle du son qu'elle rendrait seule. Il y a là une
sensibilité qu'on retrouve dans les flammes chantantes. C'est à M. Schaffgotsch qu'est due la première observation de ce dernier phénomène. Ayant
surmonté une flamme de gaz d'un tube de faible
longueur, cet expérimentateur remarqua que si
l'on émettait un son, soit à l'unisson soit à l'octave
supérieure de la note donnée par sa flamme sonore,
celle-ci se mettait à s'agiter, à vibrer; elle s'étei-
gnait même, quand le son émis atteignait un certain
degré d'intensité. Quelle est la cause de cette agitation singulière?

Un autre fait, simultanément découvert par
Schaffgotsch et par Tyndall, est celui-ci. Etant donnée une flamme encore silencieuse au sein du tube,
si l'on élève convenablement le son de la voix, la
flamme se met à chanter. Elle s'interrompt si la note
sensible est interrompue, elle recommence en
chantant à l'unisson, si la voix reprend elle-même
son chant. Voici, d'après Tyndall, les conditions de
l'expérience : « Je recouvre, dit-il, cette flamme
d'un tube de 30 centimètres de longueur, de manière
qu'elle soit à 3 ou 4 centimètres de distance de
l'extrémité inférieure. L'émission de la note convenable fait trembler la flamme mais ne la fait pas
chanter. Je baisse le tube de sorte que la distance
de la flamme à l'extrémité inférieure soit de 7 centimètres, et à l'instant même son chant fait explosion.
Entre ces deux positions, il en est une troisième,
telle que la flamme qu'on y place ne rompt pas le
silence spontanément, mais telle aussi que quand la
flamme a été excitée et comme amorcée par la voix,
elle chante et continue indéfiniment à chanter. »

Cette sensibilité des flammes, qui, outre le nom de *flammes sonores* ou *chantantes*, leur a fait donner aussi celui de *flammes sensibles*, cette faculté de subir les mouvements vibratoires d'une certaine périodicité et de résonner à l'unisson des voix qui parlent dans leur voisinage, permet, pour ainsi dire, de les faire servir à l'analyse des sons composés.

Les flammes nues, c'est-à-dire, brûlant à l'air libre sans être surmontées d'un tube, subissent la même influence et manifestent la même sensibilité : c'est au professeur Leconte qu'est due la première observation de ce fait nouveau. Tyndall et Barrett ont fait, sur ce curieux sujet, les expériences les plus variées. Bornons-nous à en citer quelques-unes.

Faisons d'abord observer que toutes les flammes nues ne sont pas des flammes sensibles : Leconte avait déjà remarqué que la flamme des becs de gaz sur laquelle portèrent ses observations ne se mettait à vibrer, que lorsque la pression croissante l'amenait au point où elle est prête à ronfler. « Voici une bougie allumée, dit Tyndall : nous pourrons sans l'émouvoir, crier, claquer des mains, faire retentir ce sifflet, battre cette enclume à coups de marteau, ou faire éclater un mélange explosif d'oxygène et d'hydrogène. Quoique dans chacun de ces cas, des ondes sonores très-énergiques traversent l'air, la bougie est absolument insensible au son. Il n'y a dans sa flamme aucun mouvement. Mais avec ce petit chalumeau, je lance contre la flamme de la bougie un mince courant d'air, qui produise un commencement de frémissement, en même temps qu'il diminue l'éclat de la flamme. Et maintenant, dès que je fais retentir le sifflet, la flamme saute visiblement. »

La flamme en forme de queue de poisson d'un bec de gaz ordinaire (fig. 37) étant insensible à tous les sons émis dans son voisinage, il suffit de tourner le robinet et d'augmenter la pression pour qu'elle s'agite aussitôt sous l'influence d'un coup de sifflet : sa forme en éventail se change en une flamme à six ou sept langues séparées.

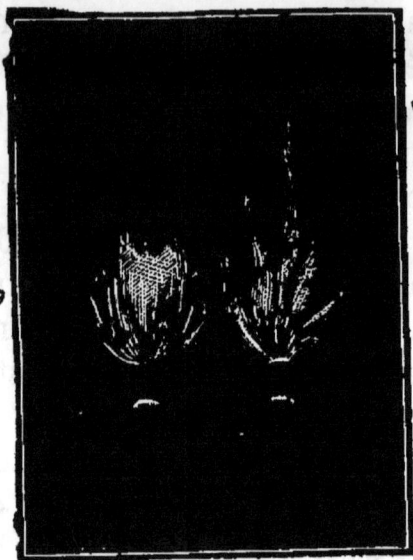

Fig. 37. — Influence des sons sur les flammes.

Les flammes les plus sensibles doivent avoir une assez grande hauteur, de 25 à 30 et jusqu'à 45 centimètres ; mais d'ailleurs, selon les circonstances, tantôt une flamme est allongée, tantôt elle est raccourcie par les vibrations sonores. Tyndall prend deux flammes, l'une longue, droite et fumeuse, l'autre, courte, bifurquée et brillante. Le même coup de sifflet opère une transformation singulière ; la première flamme est pour ainsi dire changée en la seconde, et réciproquement (fig. 38).

Terminons ce sujet par la mention de deux expériences remarquables que le célèbre physicien anglais a reproduites dans ses intéressantes conférences sur le son.

« La plus merveilleuse des flammes, observées jusqu'ici, est actuellement sous vos yeux. Elle sort de l'orifice unique d'un bec en stéatite, et s'élève à la hauteur de 60 centimètres. Le coup le plus léger, frappé sur une enclume placée à une grande distance, la réduit à 17 centimètres. Les chocs d'un trousseau de clefs l'agitent violemment, et vous entendez ses ronflements énergiques. A la distance de 20 mètres, faisons tomber une pièce de 50 centimes sur quelques gros sous tenus dans a main, ce choc si léger abat la

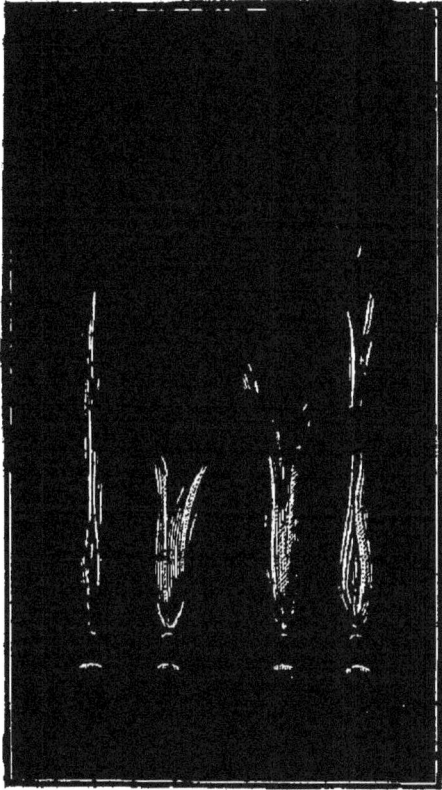

Fig. 38. — Flammes sensibles.

flamme. Je ne puis pas marcher sur le plancher sans l'agiter. Les craquements de mes bottes la mettent en commotion violente. Le chiffonnement ou la déchirure d'un morceau de papier, le frôlement d'une étoffe de soie produisent le même effet. Une goutte de pluie qui tombe la réveille en sursaut. On a placé près d'elle une montre, aucun de vous ne peut en entendre le tic-tac,

voyez cependant quel effet il exerce sur la flamme :
chaque battement l'écrase ; si on remonte le mouvement, c'est pour la flamme un effroyable tumulte.
Le chant d'un moineau
perché très-loin suffit à
l'abattre ; la note du
grillon produirait sans
doute le même effet.
Placé à 30 mètres de
distance, j'ai chuchoté
et aussitôt la flamme
s'est raccourcie en ron-
flant. »

Voilà pour la sensi-
bilité extrême de cer-
taines flammes brûlant
à l'air libre. Voyons
maintenant quel triage
elles permettent de faire
des notes prédominan-
tes dans les sons com-
posés, jouant ainsi le
rôle des flammes mano-
métriques de Kœnig
et des résonnateurs

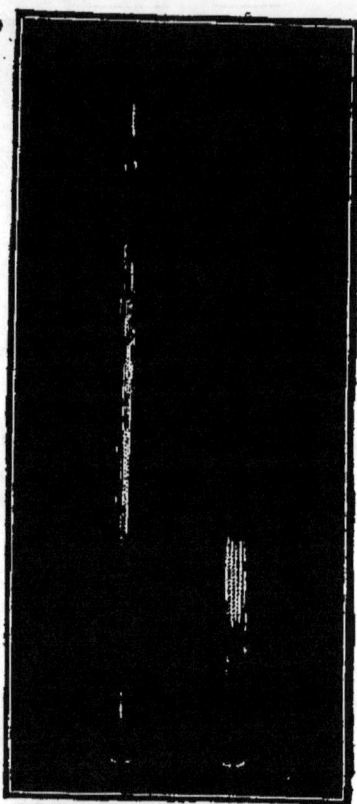

Fig. 39. — Flamme sensible.
Expérience de Tyndall.

d'Helmholtz (dont il sera question plus loin).

Considérant une flamme longue, droite, brillante,
que le plus léger bruit réduit au tiers de la longueur
et dont l'éclat tombe en même temps à celui d'une
lueur pâle à peine perceptible, Tyndall la nomme
la « flamme aux voyelles. » En effet, les différentes
voyelles sont loin d'affecter de la même façon sa
sensibilité. Ce n'est pas au son fondamental de

chaque voyelle, mais à l'harmonique prédominant qui en constitue le timbre, que la flamme en question est sensible. « J'articule d'une voix forte et sonore la diphthongue *ou*, la flamme ne bouge pas ; je prononce la voyelle *o*, la flamme tremble ; j'articule *é*, la flamme est fortement affectée. Je prononce successivement les mots *boot* (pron. *bout'*), *boat* (pr. bôt'), *beat* (pr. bit') ; le premier reste sans réponse ; la flamme s'ébranle au second, mais le troisième produit sur elle une commotion violente. Le son *ah !* est encore beaucoup plus puissant... Cette flamme est particulièrement sensible à l'articulation de la consonne sifflante *s*. Que dans cet auditoire la personne la plus éloignée me fasse le plaisir de siffler, ou de prononcer *Hiss*, ou répéter le vers : *Pour qui sont ces serpents qui sifflent sur vos têtes*, la flamme lui fera sur-le-champ un accueil sympathique. Le sifflement comprend les éléments les plus aptes à agir énergiquement sur elle... Je pose enfin sur cette table cette boîte à musique, et je lui fais jouer son air. La flamme se comporte comme un être sensible, faisant un léger salut à certains sons, et accueillant les autres avec une courtoisie profonde. » (*Le Son*, VI).

CHAPITRE VII

LOIS DES VIBRATIONS SONORES DANS LES CORDES
LES TUYAUX ET LES PLAQUES

§ 1. — Vibrations des cordes élastiques.

La musique est aujourd'hui un art si répandu, que la plupart de nos lecteurs connaissent sans doute, pour l'avoir pratiqué ou tout au moins l'avoir vu fonctionner, le mécanisme des instruments à cordes, du violon, par exemple.

Quatre cordes d'inégale grosseur et de différentes natures sont tendues à l'aide de chevilles entre deux points fixes et rendent, quand on les pince ou qu'on les frotte transversalement avec un archet, des sons de diverses hauteurs. Les sons rendus par les cordes à *vide* (c'est-à-dire vibrant dans toute leur longueur) doivent avoir entre eux certains rapports de hauteur, dont nous parlerons bientôt. Quand ce rapport est détruit, l'instrument n'est pas accordé. Que fait alors le musicien ? il tend plus ou moins, en serrant ou en desserrant les chevilles, celles des cordes-qui ne rendent pas les sons voulus : s'il les tend davantage, le son devient plus aigu ; plus grave au contraire, s'il les détend. Mais quatre sons seraient insuffisants pour rendre les notes variées d'un morceau de musique. L'exécutant en multiplie à volonté le nombre, en plaçant les doigts de la main gauche sur tel ou tel point de chacune des cordes. En agissant ainsi, il réduit à des longueurs variées les parties de ces cordes que l'archet met en vibration.

Ces faits, que tout le monde connait, montrent qu'il existe certains rapports entre les hauteurs des différents sons donnés par l'instrument, et les longueurs, grosseurs, tensions et natures des cordes ; comme ces hauteurs dépendent elles-mêmes du nombre des vibrations exécutées, il en résulte nécessairement que ce nombre est lié par certaines lois aux éléments énumérés plus haut. Les plus importantes de ces lois avaient été entrevues par les anciens philosophes et notamment par les Pythagoriciens. Mais c'est aux géomètres du siècle dernier, parmi lesquels nous citerons les noms illustres des Taylor, Bernouilli, d'Alembert, Euler et Lagrange, qu'on en doit la démonstration complète, déduite de la pure théorie. L'expérience a confirmé l'exactitude du calcul.

Ce sont les lois que nous allons maintenant chercher à faire comprendre. Aujourd'hui, on les vérifie aisément à l'aide d'un instrument particulier, le *sonomètre*, auquel on joint l'un ou l'autre des appareils qui servent à compter les nombres de vibrations des sons. Le sonomètre ou monocorde (fig. 40) est formé d'une caisse en sapin destinée à renforcer les sons ; au-dessus de cette caisse, une ou plusieurs cordes sont fixées à leurs extrémités par des pinces en fer, et tendues par des poids qui servent à mesurer les tensions de chacune d'elles. Une règle divisée, fixée au-dessous des cordes, sert à évaluer les longueurs des parties vibrantes, longueurs qu'on fait varier à volonté à l'aide d'un chevalet mobile circulant le long de la règle et au-dessous des cordes.

Fig. 40. — Sonomètre.

Considérons une corde quelconque, corde de boyaux ou corde métallique. Tendons-la par un poids suffisant pour qu'elle rende un son parfaitement pur et dont la hauteur soit appréciable à l'oreille. Sa longueur totale mesurée à l'aide de la règle est, je suppose, de 1^m,20, et le son qu'elle rend correspond, vérification faite avec la sirène, à 440 vibrations par seconde. Plaçons le chevalet mobile successivement à la moitié, au 1/3, au 1/4, au 1/12 de la longueur totale ; et dans chacune de ces positions successives, faisons vibrer la portion la plus **courte de la corde**. En évaluant les divers sons obtenus, nous trouverons par seconde les nombres suivants de vibrations : 880, 1320, 1760 et 5200.

Il suffit maintenant de mettre en regard les nombres qui mesurent les différentes longueurs de la corde et ceux qui indiquent les nombres de vibrations, pour apercevoir la loi :

Longueur de la corde...	ou	120 1	·60 $\frac{1}{2}$	40 $\frac{1}{3}$	30 $\frac{1}{4}$	10 $\frac{1}{12}$
Nombres de vibrations.	ou	440 1	880 2	1320 3	1760 4	5280 12

N'est-il pas évident par cette expérience que les nombres de vibrations vont en croissant, de manière que leurs rapports sont précisément inverses de ceux que forment entre elles les longueurs des cordes?

Telle est la première loi des cordes vibrantes.

Maintenant, sans faire varier la longueur, si l'on tend la même corde par des poids différents, et que l'on compare les sons obtenus, on trouvera que, pour des nombres de vibrations doubles, triples, quadruples, etc., les tensions des cordes sont 4, 9, 16, etc., fois plus considérables. Les nombres de vibrations suivant l'ordre des nombres simples, les poids ou tensions suivent l'ordre des carrés de ces nombres.

Les cordes sont de forme cylindrique. Faisons varier le diamètre de ces cylindres, et comparons les sons produits par deux cordes de même nature, tendues par des poids égaux et d'égale longueur, mais de diamètres différents. Cette comparaison sera facile à l'aide du sonomètre. On trouve alors que les nombres de vibrations de ces sons décroissent quand les diamètres des cordes augmentent, et deviennent précisément 2, 3, 4.... fois moindres, quand les diamètres sont 2, 3, 4.... fois plus grands.

C'est la troisième loi des vibrations transversales des cordes vibrantes.

Il en est une quatrième, qu'on peut vérifier comme les autres à l'aide du sonomètre, et qui est relative à la densité de la substance dont la corde vibrante est formée. Deux cordes, l'une de fer, l'autre de platine, de même longueur et de même diamètre, sont tendues sur l'appareil à l'aide de poids égaux. Les sons qu'elles vont rendre seront d'autant plus graves que la densité est plus grande, de sorte que la corde de fer donnera le son le plus aigu, la corde de platine le moins élevé; l'oreille suffira pour juger de ces différences.

Or, si l'on évalue les nombres exacts de vibrations qui correspondent aux deux sons obtenus, on trouvera :

Pour le fer.................... 1640
Pour le platine................ 1000

Il ne s'agit point ici, bien entendu, des nombres mêmes, mais de leurs rapports. Or, si l'on multiplie chacun de ces nombres par lui-même, si l'on en fait le carré, l'on trouve 2 689 600 et 1 000 000, qui expriment précisément, en ordre inverse, les densités des métaux, le platine et le fer. La densité du fer est 7,8, celle du platine 21,04, et ces densités sont entre elles comme 1,00 est à 2,69. Telle est la loi : toutes choses égales, les carrés des nombres de vibrations sont en raison inverse des densités des matières, dont les cordes vibrantes sont formées.

Dans tout ce qui précède, il ne s'agit que des vibrations transversales des cordes, c'est-à-dire des sons qui résultent soit du pincement, soit du frottement à l'aide d'un archet. Une corde frottée dans le sens de sa longueur, par exemple avec un morceau d'étoffe enduit de colophane, rend aussi un son, mais ce son est beaucoup plus aigu, de sorte que le nombre des vibrations longitudinales surpasse toujours celui des vibrations transversales. Comme on n'emploie pas ce mode d'ébranlement des cordes, nous ne nous étendrons pas davantage sur ce sujet. Mais nous ne quitterons pas les cordes vibrantes, sans faire mention d'un phénomène d'un grand intérêt : nous voulons parler de la formation des *nœuds* et des *ventres* sonores, et des sons particuliers que les musiciens et les physiciens nomment *sons harmoniques*.

Considérons une corde tendue sur le sonomètre, ou sur un instrument de musique quelconque. Fixons, en le touchant du doigt, son point milieu, et, avec l'archet, ébranlons l'une des moitiés : le son produit sera, comme on doit s'y attendre, plus aigu que le son fondamental, le nombre des vibrations ayant doublé. Musicalement parlant, c'est l'*octave* du son fondamental. Mais, chose remarquable, les deux moitiés de la corde vibrent ensemble, ce dont on peut s'assurer de deux façons : d'abord en mettant à cheval sur le milieu de la moitié restée libre de petits cavaliers de papier qui sautillent et tombent dès que le son se produit ; puis, en constatant à l'œil l'existence d'un renflement sur les deux moitiés de la corde (fig. 41). En retirant le doigt sans abandonner le mouvement de l'archet, on remarque

même que le son persiste, ainsi que le partage
de la corde en deux parties qui vibrent simultanément.

Fig. 41. — Sons harmoniques production de l'octave.

Faisons une seconde expérience, et plaçons maintenant le doigt au tiers de la corde, en attaquant
toujours avec l'archet de la partie la moins longue

(fig. 42). Le son est encore plus aigu ; et l'on voit la corde totale se subdiviser en trois parties égales, vibrant séparément, ce que l'on constate en plaçant

Fig. 42. — Sons harmoniques : nœuds et ventres d'une corde vibrante.

des cavaliers aux points de division, ainsi qu'au milieu de chaque tiers de la corde. Les premiers restent immobiles, les autres sont projetés, ce qui indique l'existence de points immobiles ou de *nœuds*, et de parties vibrantes dont le milieu est ce qu'on nomme un *ventre*. Sur un fond noir, les nœuds et les ventres sonores se distinguent fort bien. Les premiers montrent la corde blanche réduite à son épaisseur propre ; les autres laissent voir des renflements semblables à ceux que nous avons signalés au milieu d'une corde vibrant dans sa totalité.

Une corde peut ainsi se partager en 2, 3, 4, 5.... parties égales, et les sons de plus en plus aigus qu'elle rend alors sont des *sons harmoniques*. Les oreilles exercées parviennent à distinguer quelques-uns des sons harmoniques qui se produisent simultanément avec le son fondamental d'une corde à vide ; ce qui fait voir que le partage de la corde en parties vibrantes a lieu, alors même que la fixation d'un point n'en est pas la cause déterminante. Nous

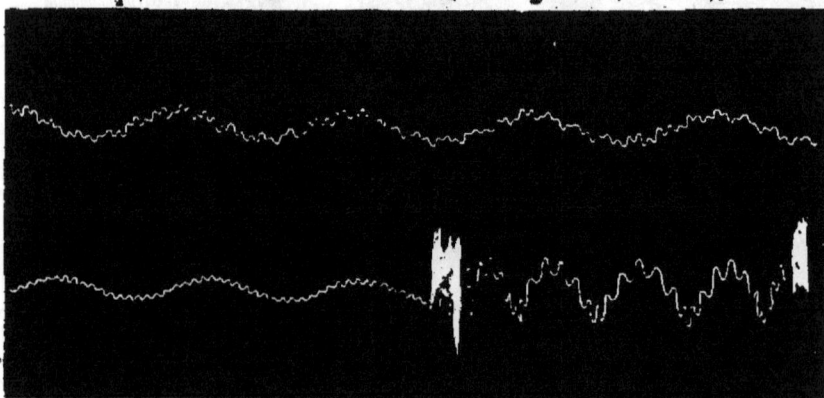

Fig. 43. — Épreuve graphique de vibrations composées ; sons harmoniques.

verrons plus tard quel est le degré qu'occupent ces différents sons dans l'échelle musicale. Étudiées à l'aide de la méthode graphique, les vibrations sonores qui engendrent les sons harmoniques mon-

trent bien qu'il s'agit là de sons composés dont les
vibrations simples se superposent (fig. 43). Les
nœuds et les ventres sonores ne sont pas particuliers aux cordes vibrantes : nous allons les retrouver
dans les colonnes d'air qui vibrent à l'intérieur des
tuyaux ; nous les observerons encore dans les plaques et dans les membranes.

§ 2. — Lois des vibrations dans les tuyaux sonores.

Les instruments de musique, dit *instruments à
vent*, sont formés de tuyaux solides, tantôt prismatiques, tantôt cylindriques, les uns de forme rectiligne, les autres plus ou moins contournés. La colonne d'air que ces tuyaux renferment, est mise en
vibration par une embouchure, dont la forme et la
disposition varient selon les instruments. Nous aurons l'occasion d'en décrire les principaux genres,
quand nous traiterons des applications de la Physique aux arts. Mais pour connaître les lois géné-
rales qui régissent les vibrations des colonnes gazeuses contenues dans les tuyaux, nous nous
bornerons ici à considérer les tuyaux droits en
forme de prismes ou de cylindres, tels qu'ils existent dans les orgues.

Les figures 44 et 45 représentent la vue extérieure, et la coupe ou la vue intérieure de deux
tuyaux de ce genre. On voit, à la partie inférieure de
chacun d'eux, le conduit par où pénètre l'air donné
par une soufflerie : le courant entre d'abord dans
une boîte, puis il s'échappe par une fente qu'on
nomme la lumière et vient se briser contre l'arête
d'une plaque taillée en biseau. Une partie du cou-

rant s'échappe par la bouche à l'extérieur du tuyau ; l'autre partie pénètre au contraire dans l'in-

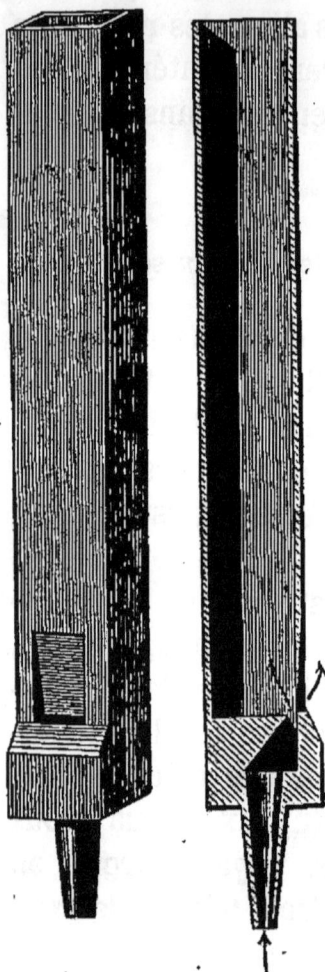

Fig. 44. — Tuyaux sonores prismatiques à embouchures de flûte.

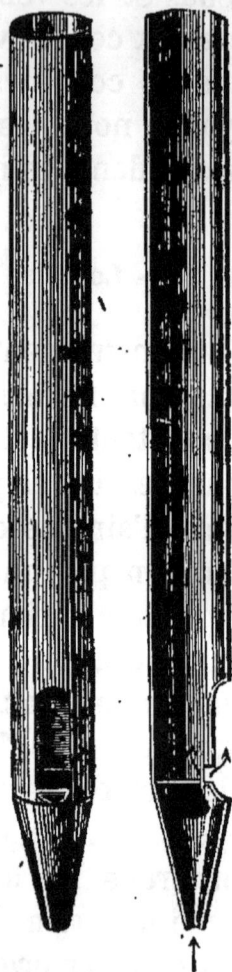

Fig. 45. — Tuyaux so-
nores cylindriques à em-
bouchures de flûte.

térieur. Cette rupture du courant donne lieu à une série de condensations et de dilatations qui se propagent dans la colonne gazeuse. L'air de cette colonne entre en vibration et produit un son continu dont la hauteur, comme on va voir, varie suivant certaines lois. L'embouchure qu'on vient de décrire est celle qu'on nomme *embouchure de flûte*. L'expérience prouve que si l'on substitue aux mêmes tuyaux des embouchures de formes différentes, on ne fait que modifier le timbre du son, sans changer sa hauteur. Cette hauteur ne dépend pas non plus de la substance, bois, ivoire, métal, verre, etc., qui compose le tuyau, d'où il faut conclure que le son résulte uniquement des vibrations de la colonne d'air.

C'est au père Mersenne et à Daniel Bernouilli que l'acoustique est redevable de la découverte des lois qui régissent les vibrations des tuyaux sonores. Nous allons indiquer succinctement les plus simples de ces lois.

Fig. 46. — Loi des vibrations dans les tuyaux semblables.

Le premier de ces savants a fait voir que si l'on compare les sons rendus par deux tuyaux semblables de dimensions différentes, c'est-à-dire dont l'un a toutes ses dimensions doubles, triples, etc., de celles de l'autre, dans tous les sens, les nombres de vibrations du premier seront 2, 3... fois moindres que les vibrations de l'autre. Ainsi le plus petit des tuyaux représentés dans la figure 46 donnera deux fois autant de vibrations que l'autre, le son qu'il rendra sera l'octave du son du plus grand tuyau. La découverte de cette loi est due au père Mersenne.

Les tuyaux sonores sont tantôt ouverts, tantôt fermés à leur partie supérieure. Mais la loi que nous allons énoncer s'applique à la fois aux tuyaux fermés et aux tuyaux ouverts, pourvu que leur longueur soit grande comparativement à leurs autres dimensions. Il faut d'abord observer que chaque tuyau peut rendre plusieurs sons, d'autant plus aigus ou élevés que la vitesse du courant d'air est plus grande. Le plus grave de ces sons est ce qu'on nomme le *son fondamental*; les autres en sont les *harmoniques*, et l'on trouve que, pour les obtenir, il suffit de forcer progressivement le courant d'air. Enfin, quand on fait résonner des tuyaux de longueurs différentes, on reconnaît que les plus longs donnent les sons fondamentaux les plus graves, de telle sorte que les nombres de vibrations sont précisément en raison inverse des longueurs. Par exemple, pendant que le plus petit des quatre tuyaux représentés dans la figure 47 donne 12 vibrations, les trois autres en donnent dans le même temps 6, 4 et 3 ; c'est-à-dire 2, 3, 4 fois moins, les longueurs étant au contraire 2, 3, 4 fois plus grandes. Je le répète, cette loi est applicable aux tuyaux ouverts comme aux tuyaux fermés.

Mais pour de mêmes longueurs, le son fonda-

mental d'un tuyau fermé est différent du son fondamental donné par un tuyau ouvert. Les vibrations

Fig..47. — Loi des vibrations des tuyaux sonores de longueurs différentes.

sont deux fois moins nombreuses, ce qui revient à
dire que le son fondamental d'un tuyau fermé est le

même que celui d'un tuyau ouvert de longueur double.

Il nous reste à dire quelle est la succession des sons harmoniques dans les uns et dans les autres.

En rangeant ces sons dans l'ordre du plus grave au plus aigu, à partir du son fondamental, on trouve que dans les tuyaux ouverts, les nombres de vibrations croissent suivant la série des nombres entiers, 1, 2, 3, 4, 5, 6... etc. Dans les tuyaux fermés, ces nombres croissent suivant la série des nombres impairs 1, 3, 5, 7... etc. Il résulte de là que si l'on prend trois tuyaux, l'un ouvert de longueur double des deux autres, et que, de ceux-ci, l'un soit ouvert, l'autre fermé, les sons successifs du premier seront représentés par la série des nombres naturels :

$$1 \quad 2 \quad 3 \quad 4 \quad 5 \quad 6 \quad 7 \quad 8$$

et les sons des deux autres par les séries :

Tuyau ouvert... 2 ... 4 ... 6 ... 8 ...
Tuyau fermé 1 ... 3 ... 5 ... 7 ...

c'est-à-dire que les sons du grand tuyau seront reproduits alternativement par les deux tuyaux de longueur moitié moindre.

Terminons l'étude des phénomènes que présentent les tuyaux sonores, en disant que les colonnes gazeuses qui vibrent à l'intérieur de ces instruments se partagent, comme les cordes vibrantes, en parties immobiles ou nœuds, et en parties vibrantes ou ventres. L'existence de ces tranches diverses est rendue manifeste de diverses façons. La

plus simple consiste à descendre à l'aide d'un fil
une membrane tendue à l'intérieur du tuyau, et à
examiner comment se comportent les grains de
sable dont on l'a saupoudrée. Ces grains sautillent
sous l'impulsion des vibrations, quand la membrane
est à la hauteur d'un ventre, comme dans toute l'é-
tendue de la colonne vibrante : ils restent au contraire immobiles, quand la position de la membrane
coïncide avec celle d'un nœud.

Du reste, la théorie a résolu complétement tous
les problèmes relatifs à cet ordre de phénomènes,
et les expériences des physiciens, toujours un peu
moins précises que ne l'exigerait l'analyse mathématique, à cause des circonstances complexes où
ils les effectuent, ne sont que des vérifications des
lois trouvées par l'analyse. Pour nous, qui tenons
surtout à décrire les faits curieux de chaque partie
de la physique, nous devons nous borner aux notions indispensables à l'intelligence de ces faits et
des applications qu'en ont su faire l'industrie et les
arts.

§ 3. — Vibrations sonores des verges et des plaques,

Les *verges sonores* sont des tiges cylindriques
de bois, de métal, de verre ou d'autres substances
élastiques, qu'on peut faire vibrer, en les frottant
longitudinalement soit avec un morceau de drap
saupoudré de colophane, soit avec une étoffe mouil-
lée. Elles rendent alors des sons purs et continus
dont la hauteur, pour une même substance, dépend
de la longueur de la tige. A l'aide d'un étau, ou
avec les doigts, on pince la verge dont on veut étu-

dier le son, soit à l'une de ses extrémités, soit au milieu, soit en un point intermédiaire de la longueur. La verge est donc libre à ses deux bouts, ou libre seulement à l'un de ses bouts. Or, si l'on compare le son que rend une verge fixée à l'une de ses extrémités, avec celui que rend la même verge ou une verge de même longueur et de même substance fixée en son point milieu, on trouve que le premier est plus grave que le second : les vibrations sont, dans celui-ci, deux fois plus nombreuses.

Si l'on fait vibrer des verges de longueurs différentes, fixées de la même manière, l'expérience montre que les sons sont d'autant plus aigus que les

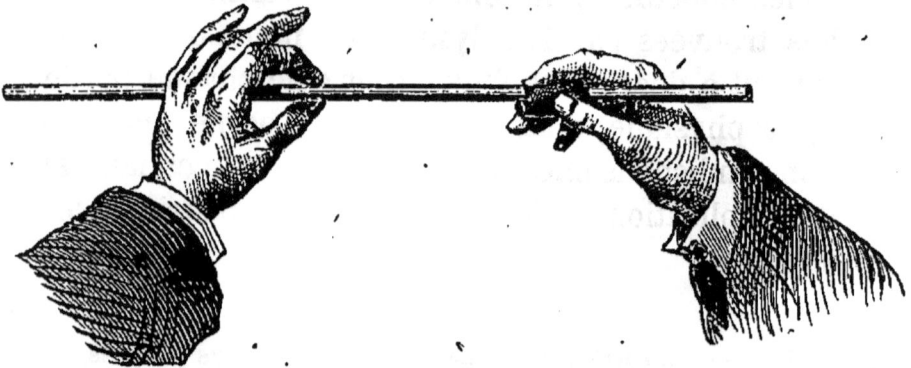

Fig. 48. — Vibrations longitudinales des verges.

tiges sont plus courtes. Les nombres de vibrations de ces sons varient en proportion inverse des longueurs. Les vibrations des verges sont donc soumises aux mêmes lois que celles des tuyaux sonores ; et l'on voit que, si les verges libres aux deux bouts sont assimilées aux tuyaux ouverts, les verges fixées par un bout correspondent aux tuyaux fermés. Comme un tuyau, une même verge fait entendre, outre le son grave fondamental, des sons harmoniques dont les séries ascendantes suivent aussi les mêmes lois que dans les tuyaux ouverts et fermés.

Les phénomènes qui résultent des vibrations sonores dans les corps de formes variées seraient inépuisables. Bornons-nous encore à signaler ceux qui se produisent dans les plaques et dans les membranes.

Fig. 49. — Mise en vibration d'une plaque.

Si l'on découpe dans des feuilles minces de bois ou de métal bien homogène des plaques carrées, circulaires ou polygonales, puis qu'on les fixe solidement à un pied par leur centre de figure, on par-

vient à faire rendre à ces plaques des sons extrè-
mement variés, en frottant leurs bords avec un
archet et en appuyant un ou deux doigts sur tels ou
tels points de leur contour (fig. 49). Chladni et
Savart, dont les noms se retrouvent dans toutes les
recherches modernes qui ont eu le son pour objet,
ont multiplié les expériences sur les plaques de formes, d'épaisseur et de surfaces diverses. Le phénomène sur lequel ils ont le plus appelé l'attention,
c'est le partage de la surface des plaques en parties
vibrantes et en parties immobiles. Ces dernières
n'étant autre chose qu'une série continue de nœuds
ont été nommées pour cela *lignes nodales*

Pour reconnaître et étudier les positions et les
formes de ces lignes, ces deux savants saupou-
draient la surface de sable sec et fin. Aussitôt que
la plaque entre en vibration, les particules du sable
se mettent en mouvement. Elles fuient toutes les
parties vibrantes, et se réfugient tout le long des
lignes nodales, en dessinant de la sorte tous leurs
contours.

Ces lignes sont si nombreuses et parfois si compliquées, elles varient tellement pour une même
plaque avec les sons divers que cette plaque peut
rendre, que Savart a dû employer un procédé particulier pour les recueillir. Au lieu de sable, il employait de la poudre de tournesol gommée, et, à
l'aide d'un papier humide appliqué sur la plaque, il
obtenait l'impression de chaque figure. Nous repro-
duisons ici, dans les figures 50 et 51, une série de
lignes nodales obtenues par Savart et par Chladni,
et nous ferons remarquer que les figures où ces
lignes sont le plus multipliées correspondent aux

sons les plus aigus, ce qui revient à dire que, à mesure que le son. s'élève, l'étendue des parties vibrantes diminue.

Fig. 50. — Lignes nodales des plaques vibrantes de forme carrée.

Dans les plaques carrées, les lignes nodales affectent deux directions principales, les unes parallèles aux diagonales, les autres parallèles aux côtés de la plaque (fig. 50).

Dans les plaques circulaires (fig. 51), les lignes nodales se disposent soit en rayons, soit en cercles

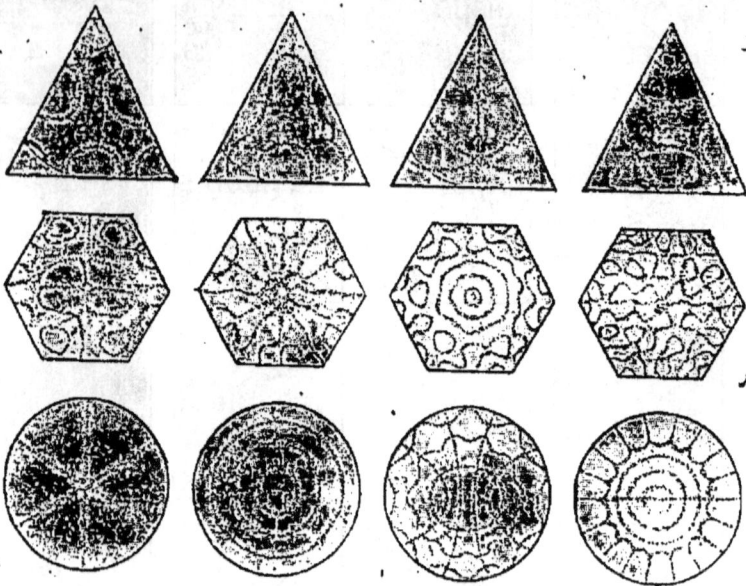

Fig. 51. — Lignes uodales des plaques circulaires ou polygonales.

concentriques. Les clóches de cristal, les timbres, les parois sonores se divisent semblablement en parties vibrantes et en lignes nodales, comme on a pu le voir dans l'expérience du verre rempli d'eau que représente la figure 19. La figure 52 montre deux modes de vibrations d'une cloche, et la façon dont elle se divise en quatre ou six parties vibrantes, séparées par autant de nœuds. Le premier mode s'obtient en touchant la cloche en deux points éloignés d'un quart de cercle; l'archet s'applique alors à 45 degrés d'un des nœuds. Le son résultant est le plus grave : c'est le son fondamental de la clo-

che. L'autre mode s'obtient en plaçant l'archet en
un point éloigné de 90 degrés du nœud que l'on
forme par l'attouchement. La cloche se diviserait
encore en 8, 10, 12 parties vibrantes. Il en est de
même des membranes tendues sur des cadres, et
que l'on fait vibrer en les approchant d'un autre
corps sonore, par exemple d'un timbre qui résonne.
Les vibrations se communiquent par l'air à la membrane, et le sable dont celle-ci est recouverte des-
sine des lignes nodales.

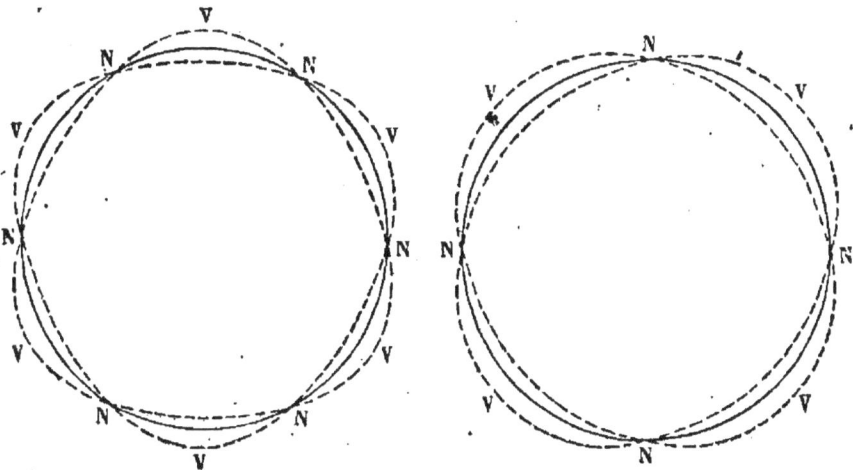

Fig. 52. — Nœuds et ventres d'une cloche vibrante.

On a reconnu que, dans le cas où deux plaques
de même substance et de figure semblable, mais
d'épaisseurs différentes, donnent les mêmes lignes
nodales, les sons produits varient avec l'épaisseur,
si la surface est la même, c'est-à-dire que les nombres de vibrations sont proportionnels aux épaisseurs. Si c'est l'épaisseur qui reste constante, les
nombres de vibrations sont en raison inverse des
surfaces.

On ne connaît point encore la loi suivant laquelle se succèdent les sons produits par une même plaque, quand les figures formées par les lignes nodales changent. On sait seulement que le son le plus grave, rendu par une plaque carrée fixée à son centre, a lieu quand les lignes nodales sont deux parallèles aux côtés et passant par le centre : c'est le dessin de la première plaque (en haut et à droite) de la figure 50. Quand ces deux lignes nodales forment les deux diagonales du carré (2e plaque de la même ligne, fig. 50), le son est la quinte du premier son, de celui qu'on peut appeler le son fondamental.

CHAPITRE VIII

ACOUSTIQUE MUSICALE

§ 1. — Des sons employés en musique, échelle musicale.

La perception des sons a, pour l'ouïe humaine, des limites qu'on a cherché à déterminer par l'expérience, ainsi que nous l'avons dit dans un précédent chapitre. 32 vibrations simples par seconde, voilà pour la limite des sons graves; celle des sons aigus va jusqu'à 73 000 vibrations. Entre ces limites extrêmes, l'échelle des sons est évidemment continue, de sorte qu'il y a une infinité de sons ayant une hauteur différente, appréciable à l'oreille, et passant du grave à l'aigu ou de l'aigu au grave par degrés insensibles.

Tous les sons compris dans cette échelle et susceptibles, par conséquent, d'être comparés entre eux sous le rapport de la hauteur, sont ce qu'on nomme des *sons musicaux*; c'est en les combinant par voie de succession ou de simultanéité, d'après des règles déterminées de temps, de hauteur, d'intensité, de timbre, que le musicien arrive à produire les effets qui constituent une œuvre musicale.

Dans toute œuvre musicale, on peut considérer les sons, soit dans leur succession, soit dans leur combinaison ou simultanéité. Le mouvement des sons successifs, avec leurs variations de hauteur, de durée, avec l'accentuation ou le rhythme, est ce qui forme la *mélodie*. La combinaison des sons, leur mélange simultané, qui donne lieu à une succession de consonnances et de dissonnances ou d'accords, réglée par certaines lois, constitue l'*harmonie*.

Un chant, exécuté par un seul instrument ou une seule voix, est nécessairement une simple mélodie ; et il en est encore ainsi, quand plusieurs voix ou plusieurs instruments exécutent simultanément le chant en question, si dans toute l'étendue du morceau tous les exécutants restent à l'*unisson*. Le mélange des instruments et des voix ne change pas, dans ce cas, le caractère mélodique du morceau musical ; tout au plus en accroît-il la puissance, et en varie-t-il les timbres ; cette simultanéité n'est pas harmonie.

A l'origine, la musique ne connaissait pas d'autres combinaisons : elle était *homophone*, selon l'expression employée par Helmholtz : « Chez tous les peuples, dit-il, la musique a été originairement à une seule partie. Nous la trouvons encore à cet état chez les Chinois, les Hindous, les Arabes, les Turcs et les Grecs modernes, quoique ces peuples soient en possession d'un système musical très-perfectionné sur certains points. La musique de l'ancienne civilisation grecque, sauf peut-être quelques ornements, cadences ou intermèdes exécutés par les instruments, était absolument homophone; tout au plus les voix s'accompagnaient-elles à l'octave. »

C'est au moyen âge, dans la musique sacrée, que l'association de parties distinctes, d'abord très-peu compliquée, puis progressivement plus savante, donna naissance à la musique harmonique. La mélodie, dans un morceau musical, est seulement alors la partie principale, dont les parties secondaires forment l'accompagnement : souvent même l'idée mélodique passe d'une voix ou d'un instrument à l'autre, et se trouve tellement enchevêtrée au milieu de toutes les parties concertantes qu'il est difficile de démêler le chant de l'accompagnement, la mélodie de l'harmonie.

Mais dans tous les cas, qu'il s'agisse de sons musicaux successifs ou de sons simultanés, il y a, entre les hauteurs de ces sons, des rapports déterminés qui limitent, entre deux intervalles quelconques, les hauteurs relatives des sons employés.

Ces sons, considérés dans leur succession du grave à l'aigu ou de l'aigu au grave, forment donc une échelle discontinue, une *gamme* selon l'expression consacrée, ou une suite de gammes, dont il nous reste à exposer le caractère commun ou la loi.

C'est dans cette série que puisent les musiciens pour composer leurs mélodies et les accords qui les accompagnent, en se réglant sur certaines lois qui sont du domaine de l'art ou, si l'on veut, de la science musicale, mais auxquelles l'acoustique reste étrangère. On a souvent comparé les sons aux couleurs dont se servent les peintres pour rendre les objets naturels que représentent leurs tableaux ; et il y a en effet, entre les couleurs et les sons, cette analogie que les uns et les autres procèdent par degrés : on peut faire une gamme des couleurs comme on a une gamme des sons. Il y a cependant cette différence, c'est que dans la nature, comme dans la peinture qui en est à un certain degré une imitation, les couleurs et leurs nuances infinies sont susceptibles d'être employées dans le même tableau. Il n'en est pas de même dans une œuvre musicale : là, le nombre des éléments ou des sons est limité ; la discontinuité est obligée, et quand une nuance succède à une autre pour la variété de la mélodie ou de l'harmonie, c'est par degrés déterminés et non d'une manière continue qu'a lieu le passage d'une tonalité ou d'un mode, à un autre mode ou à une autre tonalité.

Ce qui peut paraître obscur dans ce qui précède aux lecteurs non familiarisés avec les principes de la musique, va s'éclaircir, quand nous aurons donné quelques définitions et posé quelques règles.

Essayons maintenant de donner une idée de la succession et du rapport des sons qui constituent les échelles musicales, connues sous le nom commun de *gammes*, et qui forment la base physique de la musique moderne [1].

1. La gamme a subi, depuis Pythagore jusqu'au moyen âge et jusqu'au XVIIe siècle, des modifications de composition, de dénominations et de forme, dont l'histoire serait trop longue et sortirait d'ailleurs du cadre de cet ouvrage. L'ensemble des sons qui formaient la gamme des Grecs comprenait vingt notes, ou deux octaves plus une sixte majeure. Ces notes (la première exceptée) étaient désignées par les lettres A B C D E F G a b c d e f g aa bb cc dd ee. Lorsque Guy d'Arezzo, au XIe siècle, remania l'échelle musicale usitée, il rétablit une corde ou une note au grave et la désigna

§ 2. — La gamme.

On donne le nom de *gamme* à une série de sept sons qui se succèdent en procédant du grave à l'aigu ou de l'aigu au grave, et qui sont compris entre deux sons extrêmes offrant ce caractère, que le plus aigu est produit par le double du nombre des vibrations du plus grave. Le son le plus aigu étant le huitième de la série, on dit que les deux sons extrêmes sont l'*octave* l'un de l'autre : l'un est l'octave grave, l'autre l'octave aigu.

Si maintenant l'on part de ce huitième son, considéré comme le point de départ d'une série semblable à la première, et si l'on a soin de composer cette nouvelle série, de sons ayant entre eux les mêmes rapports de hauteur que les premiers, on remarquera que l'impression laissée dans l'oreille par leur succession offre la plus grande analogie avec celle qui provient de l'audition des sons de la première gamme [1]. Une mélodie, formée d'une suite de sons pris dans la première série, conserve le même caractère, si on la chante ou si on la joue à l'aide des sons de même ordre pris dans la seconde série. Il en serait de même, si l'on formait de la même manière une ou plusieurs gammes plus aiguës ou plus graves que celles dont nous venons de parler.

Une échelle musicale de ce genre, formée de gammes consécutives, est indéfinie, ou, du moins,

---

par la lettre grecque г, γαμμα : de là vint le nom de *gamme* qui s'est conservé jusqu'à nos jours.

1. L'analogie est si grande, que, pour peu que la différence des timbres y prête, l'oreille peut s'y tromper et croire à l'identité absolue.

n'a d'autres limites que celles de la perceptibilité des sons.

Avant de donner les *intervalles* qui séparent les sons successifs de la gamme, ou, ce qui revient au même, les rapports des nombres de vibrations qui correspondent à chacun d'eux, faisons remarquer que le son d'où l'on part pour former une gamme est nécessairement arbitraire, de sorte qu'il y a un nombre infini d'échelles musicales semblables, mises par la nature à la disposition des musiciens. Mais, dans la pratique musicale, on a senti le besoin de prendre conventionnellement un point de départ fixe, ce qui a conduit à donner aux sons de la gamme des noms particuliers. S'il ne s'était agi que du chant, ou de la musique exécutée par la voix humaine, une convention de ce genre eût été moins nécessaire; car la voix est un organe assez flexible pour émettre à volonté des sons à un degré quelconque d'acuité ou de gravité, entre ses limites naturelles. Mais la musique moderne comporte l'emploi simultané du chant et des instruments musicaux; souvent aussi, dans les symphonies et la musique concertante, les instruments sont les seuls exécutants d'une œuvre musicale. Or, il est un certain nombre de ces instruments qui sont construits de façon à donner des sons fixes, d'une hauteur déterminée, et se trouvent dès lors les régulateurs des sons émis par les autres instruments et par les voix. C'est là ce qui a nécessité l'adoption d'un son normal, d'une hauteur déterminée et constante, produit par un nombre connu de vibrations, auxquels on est convenu de comparer tous les autres sons musicaux, et qui sert pour ainsi dire de base à toutes les gammes musicales. Une fois qu'il est bien entendu que cette convention est tout arbitraire, que le nombre des gammes naturelles est illimité, il n'y a plus aucun inconvénient à l'adopter, du moins pour la musique instrumentale.

Voici les noms [1] qu'on donne aux divers sons qui composent une gamme, en passant du son le plus grave au plus aigu :

ut   ré   mi   fa   sol   la   si

D'après ce que nous avons dit de la façon dont se forment les gammes suivantes, et de l'analogie, sinon

[1]. On a vu, dans la note de la page 195 que la coutume des anciens était de représenter les notes par des lettres ; c'est encore le système adopté en Angleterre et en Allemagne. En Italie et en France, on emploie les noms *ut, ré, mi*, etc., dont voici l'origine. C'est un moine bénédictin Guiddo d'Arezzo ou encore Guy l'Arétin qui choisit ces syllabes empruntées à un hymne latin qu'on chantait dans les églises en l'honneur de saint Jean, et dont voici les paroles et la musique, notées dans le système du plain-chant :

Ut que-ant la-xis resonare fibris Mi - ra gesto-rum famuli tu-

orum, Sol-ve pollu-ti labi-i re-a-tum, Sancte Io-an-nes.

Longtemps, on se borna aux noms de ces six notes; la septième, le *si*, n'avait aucune dénomination. Elle correspondait à la lettre *b*, qu'on écrivait tantôt sous la forme d'un *b carré*, tantôt sous celle d'un *b* rond ou *mol*, selon que le morceau était en ut ou en fa majeur. D'où les noms de *bécarre* et de *bémol* dont on verra plus loin le sens général. C'est seulement en 1684, que le Français Lemaire donna le nom de *si* à la septième note ou sensible du ton d'ut.

Tout le monde sait qu'en solfiant, on substitue à la syllabe *ut*, qui manque de sonorité, la syllabe *do* qui se fait mieux entendre.

de l'identité, qui existe entre les sons de l'une et de l'autre, on comprend qu'on a dû donner les mêmes noms aux sons des gammes successives. Les physiciens les distinguent les unes des autres en faisant suivre les noms des sons d'indices numériques marquant l'ordre de hauteur des gammes. Les deux gammes, l'une immédiatement plus grave, l'autre plus aiguë que la gamme servant de point de départ, à laquelle on donne l'indice 1 (parfois 0), s'écriront donc ainsi :

ut$_{-1}$	ré$_{-1}$	mi$_{-1}$	fa$_{-1}$	sol$_{-1}$	la$_{-1}$	si$_{-1}$
ut$_1$	ré$_1$	mi$_1$	fa$_1$	sol$_1$	la$_1$	si$_1$
ut$_2$	ré$_2$	mi$_2$	fa$_2$	sol$_2$	la$_2$	si$_2$

Il résulte aussi de la constitution des gammes successives que les sons de même nom sont à l'octave les uns des autres, tout comme les sons extrêmes de chaque gamme. Ainsi ut$_1$, ré$_1$, mi$_1$, sont les octaves aigus de ut$_{-1}$, ré$_{-1}$, mi$_{-1}$.... et les octaves graves de ut$_2$, ré$_2$, mi$_2$.

Avant d'aller plus loin, rappelons-nous les lois des vibrations des cordes et des tuyaux, et nous comprendrons que si l'on a tendu une série de sept cordes, de façon à leur faire rendre les sept sons de la gamme, on obtiendra les sept sons de la gamme aiguë, à l'octave de la première, en divisant toutes les cordes en deux parties égales. Si au lieu de cordes, on avait pris sept tuyaux ouverts ou fermés donnant la gamme par leurs sons fondamentaux, il faudrait prendre sept tuyaux de longueurs moitié moindres, pour obtenir la gamme immédiatement plus aiguë, sept tuyaux de longueurs doubles pour obtenir les sons de la gamme immédiatement plus grave.

Si l'on compare chacun des sept sons d'une même gamme au son le plus grave, à celui qui forme ce que l'on appelle la *tonique*, sous le rapport de leurs hauteurs, on a autant d'*intervalles* différents dont voici les noms :

De ut à ut.....................	*unisson.*
ut — ré	*seconde.*
ut — mi	*tierce.*
ut — fa.....................	*quarte.*
ut — sol.....................	*quinte.*
ut — la	*sixte.*
ut — si	*septième.*
Et enfin ut — ut₂	*octave.*

L'intervalle musical a pour définition, en physique, le rapport des nombres de vibrations des sons dont il est formé. L'unisson et l'octave sont les seuls dont nous ayons donné la valeur : 1 ou $\frac{1}{1}$ mesure l'intervalle de l'unisson ; 2 ou $\frac{2}{1}$ mesure l'octave. Il nous reste à dire quels sont les nombres mesurant les autres intervalles.

Voici ces nombres tels qu'ils sont adoptés aujourd'hui par la majorité des physiciens :

ut — ut	unisson	$= 1$
ré — ut	seconde	$= \frac{9}{8}$
mi — ut	tierce	$= \frac{5}{4}$
fa — ut	quarte	$= \frac{4}{3}$
sol — ut	quinte	$= \frac{3}{2}$
la — ut	sixte	$= \frac{5}{3}$
si — ut	septième	$= \frac{15}{8}$
ut₂ — ut	octave	$= 2$

Il est facile, à l'aide de ce tableau, de calculer les intervalles consécutifs des sons de la gamme, ou les rapports des nombres de vibrations de deux sons qui se suivent dans la série. Les voici :

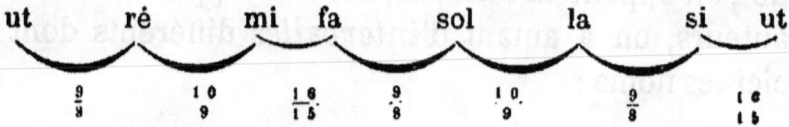

ut	ré	mi	fa	sol	la	si	ut
$\frac{9}{8}$	$\frac{10}{9}$	$\frac{16}{15}$	$\frac{9}{8}$	$\frac{10}{9}$	$\frac{9}{8}$	$\frac{16}{15}$	

On voit que ces intervalles ne sont pas égaux entre eux : il y en a de trois ordres de grandeur; trois intervalles, ut-ré, fa-sol, la-si, égaux chacun à $\frac{9}{8}$, sont les plus grands de tous; deux autres ré-mi et sol-la valent $\frac{10}{9}$, de sorte qu'en les réduisant à un dénominateur commun avec les premiers, on trouve 81 et 80 pour les nombres entiers qui les représenteraient respectivement; bien qu'inégaux entre eux, ils se nomment en musique des *secondes majeures*, et les deux plus petits $\frac{16}{15}$ sont des *secondes mineures.* Bien que les secondes majeures ne soient pas égales, on est convenu de les confondre sous la même dénomination [1], et l'on dit qu'une gamme se compose des intervalles successifs suivants :

Une seconde majeure,
Une seconde majeure,
Une seconde mineure,
Une seconde majeure,
Une seconde majeure,
Une seconde majeure,
Une seconde mineure.

La gamme ainsi formée se nomme *gamme majeure* pour la distinguer d'une gamme formée d'intervalles se succédant dans un autre ordre, qu'on nomme *gamme mineure.*

1. Les physiciens appellent *ton majeur* et *ton mineur* les deux intervalles de seconde, et ils réservent à la seconde mineure mi-fa, si-ut, le nom de *demi-ton.*

L'échelle ·musicale ainsi formée ne peut suffire au compositeur dont les mélodies, renfermées dans un cadre étroit, auraient un caractère de *monotonie* incompatible avec la variété des impressions qu'il veut produire. Pour accroître ses ressources, il passe, dans le même morceau, d'une gamme dans une autre, et c'est à ces transitions, dont les règles sont du ressort de l'art musical, qu'on donne le nom, de *modulations*. Les nouvelles gammes ne diffèrent pas complétement de la première, de celles qu'on est convenu d'appeler la gamme naturelle. Certains sons se trouvent seuls modifiés, et d'ailleurs l'ordre de succession et les rapports de hauteur des sons de la nouvelle gamme restent les mêmes.

Ecrivons la succession de deux gammes consécutives, à l'octave l'une de l'autre, et ayant pour tonique commune le son *ut* :

ut ré mi fa sol la si ut ré mi fa sol la si ut

Il est facile de voir que par une simple substitution des deux intervalles qui séparent le *mi* du *sol*, c'est-à-dire en faisant suivre le *mi* d'une seconde majeure et précéder le *sol* d'une seconde mineure, on aura une gamme nouvelle présentant la même série d'intervalles que la première, mais commençant par le son *sol* au lieu de commencer par le son *ut*. Il n'y a, pour cela, qu'à substituer au *fa* une nouvelle note, plus élevée, qu'on nomme *fa dièze*, fa ♯. Voici cette gamme :

ut ré mi fa ♯ sol la si ut ré mi fa♯ sol la si ut

gamme de *sol majeur*.

On voit en effet que les deux premiers intervalles
de cette nouvelle gamme sont deux secondes majeures, sol-la, la-si, et qu'ils sont suivis d'une seconde mineure, si-ut ; qu'ensuite viennent trois
secondes majeures ut-ré, ré-mi et mi-fa ♯ ; enfin que
la gamme se trouve terminée par une seconde mineure fa ♯-sol. Le nouveau son aurait dû recevoir un
nom entièrement nouveau ; on le distingue du *fa*
qu'il remplace par le nom de *fa dièze* : on dit que
le *fa* naturel a été *dièzé*. Partant de la gamme de
sol, et dièzant l'*ut*, on aurait une nouvelle gamme
majeure commençant par *ré* et ainsi de suite, ce
qui met à la disposition du musicien sept gammes
majeures, procédant par dièzes, c'est-à-dire par la
substitution successive aux sons primitifs de sons
plus élevés, ou de secondes majeures aux secondes
mineures.

On peut encore obtenir une suite de gammes majeures en partant de la gamme d'*ut* ; il suffit pour
cela d'intervertir l'ordre des deux intervalles *la-si*,
si-ut, en remplaçant le *si* par un son plus bas auquel on donne le nom de *si bémol*, si ♭. On a de la
sorte la succession :

ut ré mi fa sol la si♭ ut ré mi fa sol la si♭ ut

gamme de *fa naturel majeur*.

Procédant sur cette gamme nouvelle comme sur
la première, on aurait une suite de gammes majeures dans lesquelles un nombre de plus en plus
grand des sons primitifs seraient *bémolisés*. Voici
le tableau complet des gammes majeures obtenues
par ces artifices :

GAMME D'*UT NATUREL MAJEUR.*

TOUTES LES NOTES DE CETTE GAMME SONT NATURELLES.

Gammes de	dièzes.		Gammes de	bémols.
sol	1		fa	1
ré	2		si ♭	2
la	3		mi ♭	3
mi	4		la ♭	4
si	5		ré ♭	5
fa ♯	6		sol ♭	6
ut ♯	7		ut ♭	7

La série des sons dièzés successivement est celle-ci : fa, ut, sol, ré, la, mi, si. Celle des sons bémolisés est précisément inverse : si, mi, la, ré, sol, ut, fa.

Comme l'exposé complet des règles qui servent à former toutes ces échelles musicales sortirait du cadre de cet ouvrage, bornons-nous à dire que les musiciens emploient aussi des *gammes mineures*, présentant cette particularité que l'ordre des intervalles ascendants diffère de celui des intervalles descendants.

GAMME DE *LA MINEURE.*

Intervalles ascendants.		Intervalles descendants.	
la		la₂	
	. . . seconde majeure.		. . . seconde majeure.
si		sol ♮	
	. . . seconde mineure.		. . . seconde majeure.
ut		fa ♮	
	. . . seconde majeure.		. . . seconde mineure
ré		mi	
	. . . seconde majeure.		. . . seconde majeure.
mi		ré	
	. . . seconde majeure		. . . seconde majeure.
fa ♯		ut	
	. . . seconde majeure.		. . . seconde mineure.
sol ♯		si	
	. . . seconde mineure.		. . . . seconde majeure.
la₂		la	

Dans la gamme mineure que nous donnons ici pour type, on voit que les deux sons *fa* ♯ et *sol* ♯ de la gamme ascendante sont remplacés par les deux sons *fa, sol*, dans la gamme descendante : c'est ce que les musiciens indiquent en affectant le symbole de chacun de ces deux sons du signe ♮, qu'on énonce *bécarre* et qui exprime le retour des deux sons dièzés à leur état primitif ou naturel. Le même signe indique aussi un changement de même genre dans un son d'abord bémolisé.

Le premier son d'une gamme détermine le ton du morceau musical où cette gamme est employée, et pour cette raison, il reçoit le nom de *tonique*. Ainsi, on dit le ton d'ut, le ton de sol.... Les physiciens et les musiciens ont eu, selon nous, le tort d'employer ce mot *ton* pour désigner les intervalles de seconde majeure et de seconde mineure, et d'introduire ainsi une confusion de mots qui peut engendrer la confusion dans les idées.

§ 3. — Des principes constitutifs de la gamme. Gamme des physiciens et gamme pythagoricienne.

L'histoire de toutes les transformations qu'a subies la gamme depuis Pythagore jusqu'à nous, c'est-à-dire dans l'antiquité, au moyen âge et dans les temps modernes, est trop compliquée pour que nous essayons d'en donner ici, même un résumé. Mais le fait que la série musicale a varié, que les oreilles des Grecs se plaisaient à des intervalles que notre musique moderne réprouve, joint à cet autre qu'aujourd'hui même les gammes adoptées par les peuples qu'on nomme civilisés sont bien différentes de celles qu'on emploie dans la musique perse, chinoise, japonaise ou tartare, paraît prouver évidemment que la gamme a une origine en grande partie conventionnelle. Elle n'est basée absolument ni sur des lois purement physiques, ni sur des convenances purement physiologiques. Elle est le produit d'une combinaison de ces deux sortes de lois, que les habitudes, l'éducation de l'oreille ont peu à peu modifiées.

Cette question de l'origine de la gamme a été longuement et est encore discutée, et l'accord n'est fait ni entre les physiciens ni entre les musiciens. Les nombres que nous avons donnés plus haut pour exprimer les divers intervalles des gammes majeure et mineure, constituent dans leur ensemble la *gamme des physiciens*; mais il y en a d'autres qui, sans différer beaucoup des premiers, forment une gamme différente, à laquelle on donne le nom de *gamme des pythagoriciens.*

Voyons en quoi diffèrent et en quoi se ressemblent ces deux séries.

La gamme des physiciens ne nous semble pas avoir d'autre principe que celui-ci : deux sons forment une succession mélodique, ou un accord agréable quand leurs nombres de vibrations sont dans le rapport le plus simple possible. En représentant la tonique ou le premier degré de l'échelle par 1, c'est en combinant 1 avec les nombres les plus simples 1, 2, 3, 4, 5... qu'on obtiendra les intervalles les plus agréables $\frac{1}{1}$ ou l'unisson, $\frac{2}{1}$ ou l'octave, $\frac{3}{1}$ la douzième qui ramenée à l'octave inférieure donne la quinte, etc., etc. Ainsi se trouverait naturellement constituée la gamme. Mais, outre que le principe posé nous semble pour le moins arbitraire, on arrive ainsi à des conséquences qui sont loin d'être d'accord entre elles, non plus que d'accord avec la pratique musicale [1]. Ce n'est pas le lieu d'entrer dans cette discussion. Bornons-nous à comparer les deux systèmes de gamme.

Le principe de la gamme des pythagoriciens est celui-ci : les nombres qui représentent l'octave et la quinte étant 2 et $\frac{3}{2}$, comme dans la première, tous les autres intervalles se forment de ceux-ci en procédant par quintes successives. Ainsi, la quinte du *sol* sera $\frac{3}{2} \cdot \frac{3}{2}$ ou $\frac{9}{4}$: c'est le *ré₂*. Donc le *ré₁* est représenté par $\frac{9}{8}$. Du *ré* on passe au *la* qui en est la quinte, puis au *mi* qui est la quinte du *la* et ainsi de suite. La gamme qui résulte de ce mode de formation diffère de celle des physiciens, comme on va en juger par le tableau suivant :

[1]. Le principe esthétique qui considère la beauté ou l'agrément, en architecture, dans les autres arts et en musique, comme des éléments liés à la simplicité des rapports numériques, est adopté généralement par les mathématiciens et les physiciens ; mais, il n'a jamais été, que nous sachions, sérieusement discuté, et nous aurions, pour notre part, bien des objections à y faire. Pour n'en donner qu'un exemple, qui ne voit qu'il faudrait regarder l'octave comme la plus agréable des consonnances (nous ne disons rien de l'unisson, qui n'est pas à proprement parler un accord)? Puis viendraient la quinte, la quarte, la tierce majeure, etc. — Or quel est le musicien aux oreilles duquel la tierce majeure ou même la tierce mineure ne produise un effet plus harmonieux que la quarte ?

DEGRÉS de la GAMME OU INTERVALLES.	GAMME des PHYSICIENS.	GAMME des PYTHAGORICIENS.
ut₁ ou unisson.	1	1
ré — seconde majeure .	$\dfrac{9}{8}$	$\dfrac{9}{8}$
mi — tierce majeure . .	$\dfrac{5}{4}$	$\dfrac{81}{64}$
fa — quarte.	$\dfrac{4}{3}$	$\dfrac{4}{3}$
sol — quinte.	$\dfrac{3}{2}$	$\dfrac{3}{2}$
la — sixte	$\dfrac{5}{3}$	$\dfrac{27}{16}$
si — septième	$\dfrac{15}{8}$	$\dfrac{243}{128}$
ut₂ — octave	2	$2.$

Comme on voit, sur huit intervalles, cinq sont identiques dans les deux gammes ; les intervalles différents sont représentés par des nombres moins simples dans la gamme pythagoricienne qui a, d'un autre côté, l'avantage de ne procéder que par des successions de secondes majeures et de secondes mineures respectivement égales entre elles. Tandis que la succession des sons est représentée dans la gamme des physiciens par les nombres :

$$\frac{9}{8} \quad \frac{10}{9} \quad \frac{16}{15} \quad \frac{9}{8} \quad \frac{10}{9} \quad \frac{9}{8} \quad \frac{16}{15},$$ dans la gamme

pythagoricienne, on a la suite beaucoup plus régulière

$$\frac{9}{8} \quad \frac{9}{8} \quad \frac{256}{243} \quad \frac{9}{8} \quad \frac{9}{8} \quad \frac{9}{8} \quad \frac{256}{243}.$$

En tout cas, les différences sont d'un ordre très-faible ; le rapport du *ton majeur* $\frac{9}{8}$ au *ton mineur* $\frac{10}{9}$ est égal à $\frac{81}{80}$. C'est-à-dire que l'excès de hauteur du premier intervalle sur le second est marqué par l'excès d'une seule vibration sur 80 vibrations : c'est ce qu'on nomme un *comma*. La même différence existe entre les intervalles de la seconde mineure $\frac{16}{15}$ de la gamme des physiciens et de la seconde mineure $\frac{256}{243}$ de la gamme des pythagoriciens. Théoriquement, chacune des deux échelles musicales ainsi constituée peut être justifiée sous certains rapports et attaquée sous certains autres. Il ne nous appartient pas de décider [1].

Quant à la gamme dite *tempérée*, ce n'est qu'un compromis, non entre les deux autres, mais entre la gamme vraie, quelle que soit celle qu'on adopte, et la malheureuse nécessité où l'on s'est trouvé d'identifier les dièzes et les bémols, afin de rendre plus simples les instruments à sons fixes. Ce n'est, à vrai dire, qu'une fausse gamme.

§ 4. — Etude optique des intervalles musicaux.

Nous avons décrit diverses méthodes permettant de compter le nombre des vibrations exécutées par

---

1. MM. Cornu et Mercadier, qui ont fait avec soin une longue suite d'expériences comparatives sur ces deux gammes, sont arrivés à cette conclusion que chacune d'elles a sa raison d'être dans la musique moderne : l'une, la gamme pythagoricienne, serait exigée pour les intervalles mélodiques, tandis que, dans les intervalles harmoniques, il faudrait employer la gamme des physiciens. Mais comment concilier cette double exigence, la grande majorité des compositions musicales modernes faisant un égal usage de la mélodie et de l'harmonie?

un corps sonore, au moment où ce corps rend un son déterminé : la sirène, la roue dentée, le vibroscope ou phonautographe sont les appareils employés dans ce but. Dans le dernier de ces instruments, les vibrations elles-mêmes s'inscrivent sur une surface et l'on peut aisément constater leur amplitude et leur nombre : c'est la méthode graphique de l'étude des sons.

Il y dix-huit ans, un physicien français, M. Lissajous, eut l'idée d'étudier à l'aide de l'œil les mouvements vibratoires des corps sonores et de substituer ainsi à l'oreille l'organe de la vue pour l'appréciation des rapports des sons : de là le nom de *méthode optique* donné au procédé qu'il employa et que nous allons brièvement décrire. A l'aide de la méthode optique, un sourd pourrait donc se livrer à des recherches sur la hauteur comparée des sons.

« Il n'est personne d'entre nous, disait M. Lissajous dans une leçon où il exposait cette nouvelle méthode, qui n'ait, dans son enfance, au risque d'incendier la maison paternelle, plongé une baguette dans le foyer, pour l'agiter ensuite, et suivre avec la curiosité naturelle au jeune âge, ces lignes brillantes produites par l'extrémité embrasée comme par un pinceau magique dont la trace fugitive s'effacerait en un instant. Telle est l'expérience qui a servi de base à la méthode optique. »

Un diapason est, comme on sait, un petit instrument formé d'une double verge métallique dont les branches réunies en fer à cheval sont supportées par une colonne cylindrique servant de pied (fig. 53). A l'aide d'un morceau de bois ou de métal plus gros que

l'intervalle des extrémités des branches, on écarte
les deux lames élastiques et leurs oscillations produi-

Fig. 53. — Diapason et sa caisse de résonnauce.

sent un son dont la hauteur dépend de la forme et
des dimensions de l'instrument ; les physiciens font
aussi vibrer le diapason en frottant l'une des bran-

ches avec un archet. C'est à l'aide d'un diapason qu'on règle le ton des instruments ou celui des voix dans les orchestres et les théâtres : en France, le diapason normal est celui qui produit le second *la* du violon, dont le nombre des vibrations simples est de 870 par seconde.

Pour rendre visibles les vibrations d'un diapason, M. Lissajous fixe sur la surface convexe, à l'extrémité d'une des branches, un petit miroir métallique. L'autre branche porte un contre-poids nécessaire pour régulariser le mouvement vibratoire.

« Regardons dans ce miroir, dit-il, l'image réfléchie d'une bougie placée à quelques mètres de distance, puis faisons vibrer le diapason. Nous voyons aussitôt l'image s'allonger dans le sens de la longueur des branches. Faisons tourner alors le diapason autour de son axe, l'apparence change, et nous voyons dans le miroir une ligne brillante et sinueuse dont les ondulations accusent par leur forme même l'amplitude plus ou moins grande du mouvement vibratoire. »

En se servant d'un second miroir qui renvoie l'image sur un écran après avoir traversé une lentille convergente, on rend le phénomène visible dans toute l'étendue d'un amphithéâtre. Dans ce cas, on prend une source de lumière plus vive, celle du soleil ou la lumière électrique, et c'est le second miroir qu'on fait tourner autour d'un axe vertical pour obtenir la transformation de l'image rectiligne en une courbe sinueuse.

Il ne s'agit jusqu'ici que de rendre visibles les vibrations d'un corps sonore unique. Voici maintenant comment, par la même méthode, M. Lissajous est parvenu à apprécier la hauteur comparative de deux sons, à mesurer le rapport des nombres de vibrations qui correspondent à chacun d'eux. On prend deux diapasons, tous deux armés de miroirs (fig. 54) ; mais, tandis que l'axe de l'un est vertical, l'autre est placé horizontalement de manière à

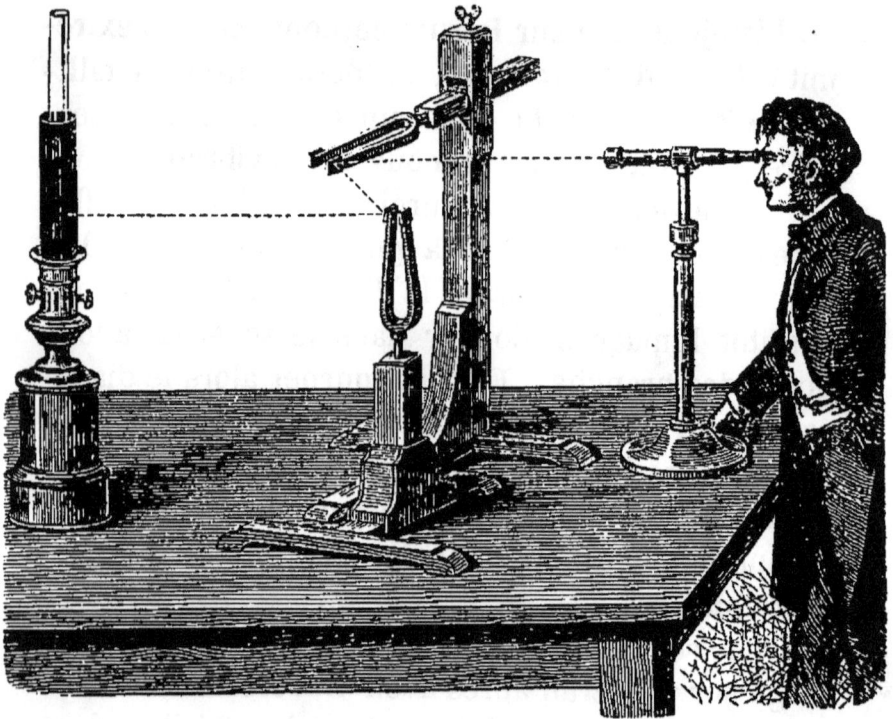

Fig. 54. — Étude optique des mouvements vibratoires par la méthode de M. Lissajous.

mettre les deux miroirs en regard. Un faisceau de lumière émané d'une petite ouverture tombe sur l'un des miroirs, où il se réfléchit, va frapper le miroir du second diapason qui le renvoie lui-même sur un miroir fixe. Une troisième réflexion projette le faisceau lumineux sur un écran blanc, où l'on aperçoit une image nette et brillante de l'ouverture, tant que les deux diapasons restent en repos.

Vient-on à faire vibrer le diapason vertical ? Aussitôt le mouvement de va-et-vient de l'image donne, au lieu d'un point, une ligne lumineuse, allongée dans le sens vertical. Si, pendant que le diapason vertical est au repos, on ébranle le diapason horizontal, l'image s'allonge dans le sens horizontal. Enfin, si l'on fait vibrer à la fois les deux diapasons, l'image se trouvant animée de deux mouvements simultanés, l'un dans le sens horizontal, l'autre dans le sens vertical, décrira une courbe lumineuse sur l'écran, et la forme de cette courbe dépendra du rapport qui existe entre les durées des deux systèmes de vibrations, de l'amplitude des oscillations et enfin de la durée qui sépare les commencements de deux vibrations consécutives exécutées par l'un et l'autre diapasons : c'est cette dernière durée qui constitue ce qu'on nomme la *différence de phase*.

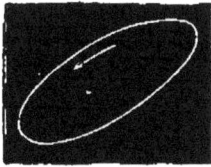

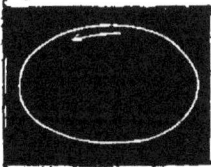

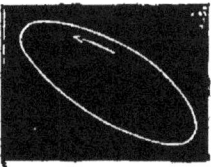

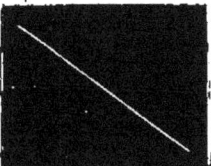

Fig. 55. — Courbes optiques représentant les vibrations combinées de deux diapasons à l'unisson.

M. Lissajous a déterminé de la sorte des courbes lumineuses données par des diapasons accordés de manière à produire les intervalles de la gamme telle qu'elle est adoptée par les physiciens.

Si les deux diapasons sonnent à l'*unisson*, le rapport des nombres de vibrations est **1** : c'est-à-dire que les vibrations effectuées en des temps égaux

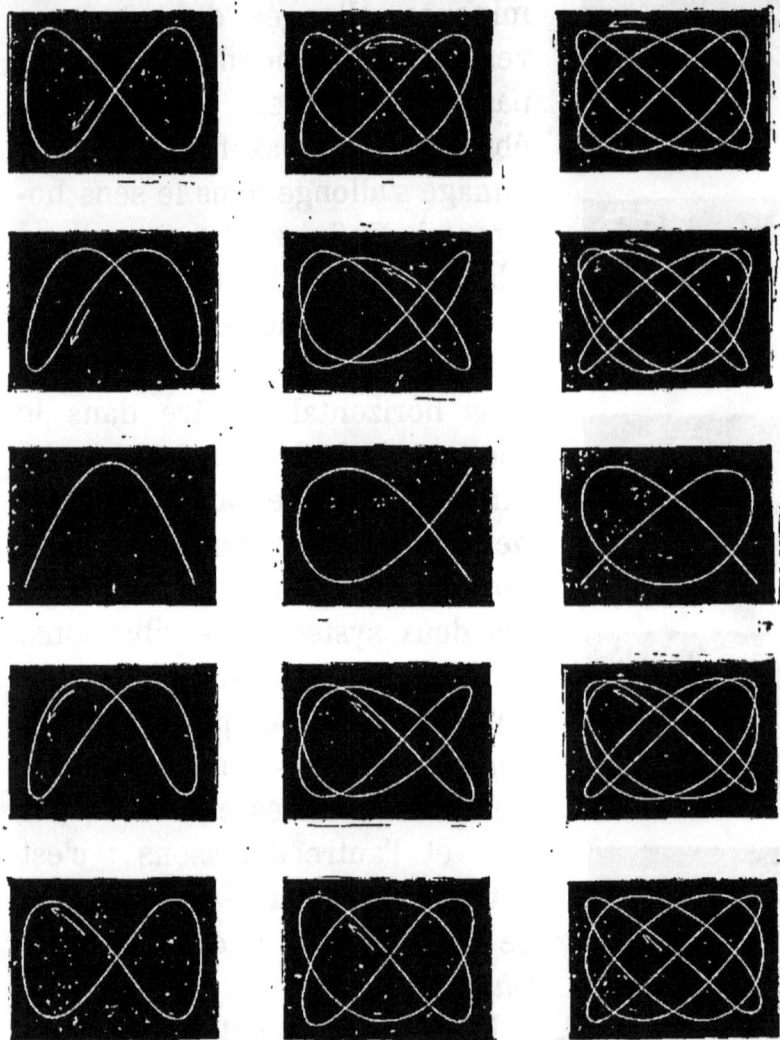

Fig. 56. — Courbes optiques : l'octave, la quinte et la quarte.

sont en même nombre. La différence de phase est-elle nulle, les vibrations commencent en même temps dans les deux diapasons; il en résulte une ligne droite lumineuse oblique, la diagonale d'un rectangle dont les côtés ont une longueur qui varie avec l'amplitude des vibrations simultanées. Cette ligne droite se change en une ellipse ou ovale, quand la différence de phase n'est pas nulle. La figure 55 montre les courbes que donnent des différences de phases égales à $\frac{1}{8}$ $\frac{1}{4}$ $\frac{3}{8}$ et $\frac{1}{2}$. Elles se reproduisent mais en sens inverse, si les différences sont $\frac{5}{8}$ $\frac{3}{4}$ $\frac{7}{8}$ et 1.

Deux diapasons qui résonnent à l'*octave* l'un de l'autre, donnent une série de courbes représentées dans la figure 56, et qui montrent bien que l'un des diapasons exécute une vibration dans le sens horizontal, tandis que l'autre en fait deux dans le sens vertical. Si les nombres de vibrations sont dans les rapports 3:2, 4:3, 5:4, 5:3, 9:8 et 15:8, les diapasons sont accordés aux intervalles de quinte, de quarte, de sixte, de seconde majeure et de septième. On peut voir (fig. 56) les courbes optiques obtenues dans les cas de la quarte et de la quinte, avec les variations de forme qui proviennent des différences de phases. A l'inspection de ces courbes, on peut compter le nombre des excursions faites par le point lumineux dans le sens horizontal et dans le sens vertical, et comme elles s'effectuent les unes et les autres dans le même temps, on a par cela même le rapport numérique des deux sons.

Quand l'accord des diapasons est rigoureux, la même courbe persiste sur l'écran pendant toute la durée de leur résonnance simultanée, et elle finit par se réduire à un point. Si au contraire l'accord n'est point tout à fait exact, si, par exemple, l'octave n'est pas parfaite, l'effet est le même que s'il y avait un changement continu dans la différence de phase et la courbe passe insensiblement par toutes les formes indiquées dans la figure. Le temps qu'elle met à accomplir le cercle entier de ces transformations étant noté, on en conclut qu'il y a une différence d'une vibration sur le diapason grave, de deux vibrations sur le diapason aigu, relativement au nombre qu'eût donné l'octave juste.

Cette méthode est si précise que la plus faible différence est accusée. Ainsi, supposons d'abord deux diapasons à l'unisson. La courbe optique sera, selon la différence de phase, une de celles que représente la figure 55, et elle persistera pendant toute la durée des vibrations. Qu'on vienne à chauffer légèrement la branche d'un des diapasons, il en résulte un abaissement du son : l'unisson est altéré, et aussitôt l'on voit se produire sur l'écran la variation de forme de la courbe optique qui accuse la cessation de l'accord.

La méthode optique permet, non-seulement de déterminer les rapports des nombres de vibrations, mais aussi de compter le nombre absolu de vibrations qui correspond à un son donné. Ayant ainsi construit un diapason qui donne le *la* normal adopté par les orchestres, il a été facile ensuite de se servir de ce type pour construire des diapasons résonnant à l'unisson.

M. Lissajous a appliqué sa méthode à l'étude des cordes vibrantes, et même à celle des sons propagés par l'air. Pour cela, il éclaire la corde en un de ses points par la projection d'un faisceau lumineux étroit ; il reçoit les mouvements de l'air sur une membrane à la surface de laquelle il fixe une petite perle brillante [1].

Nous avons oublié de dire que si, dans toutes ces expériences, les courbes tracées par les points lumineux sont visibles à la fois dans tous leurs points, cela tient à ce qu'une évolution entière est terminée avant que la persistance de l'impression de la lumière sur la rétine ait cessé : comme la durée de cette persistance est d'environ un dixième de seconde, cela suppose que tel est, au maximum, le temps employé par l'image du point pour parcourir la sinuosité entière de la courbe.

Telle est, en résumé, la méthode originale employée par M. Lissajous pour rendre sensibles à la vue les mouvements vibratoires des corps sonores, et les plus délicates particularités de ces mouvements. On voit par cet aperçu que nous avions raison de dire qu'une personne privée de la faculté d'entendre pourrait comparer des sons avec une précision plus grande que ne le ferait, par l'audition seule, l'oreille la plus sensible.

Dans ces derniers temps, un savant acousticien de Paris, M. Kœnig, a imaginé un autre procédé, aussi très-ingénieux, pour étudier les vibrations des colonnes gazeuses dans les tuyaux. Nous allons essayer d'en donner une idée.

L'une des parois du tuyau sonore (fig. 57) est percée d'un certain nombre d'ouvertures, de trois, par exemple, correspondant au nœud du son fondamental et aux deux nœuds de son octave ; chacune de ces

---

1. Ce moyen de rendre visibles les mouvements vibratoires était employé depuis longtemps par M. Wheatstone.

ouvertures est fermée par une capsule d'où sort un bec et qui communique avec un tube amenant dans la capsule et dans le bec, du gaz d'éclairage. La partie de la capsule qui se trouve à l'intérieur du tuyau sonore, au sein de la colonne gazeuse vibrante, est en caoutchouc, elle est légèrement gonflée par le carbure d'hydrogène. Elle est donc éminemment élastique et cède à la moindre augmentation de pression. Supposons le bec de gaz allumé : si la pression intérieure de l'air du tuyau s'accroît, la membrane en caoutchouc est comprimée, de sorte que la capacité de la capsule diminue, et la flamme s'allonge ; elle se raccourcit au contraire, si, la pression venant à diminuer, la capacité intérieure de la capsule augmente. On le voit, le bec de gaz est un véritable manomètre, indicateur des changements de pression : aussi, M. Kœnig a-t-il donné aux flammes qui se dégagent des capsules le nom de flammes *manométriques*.

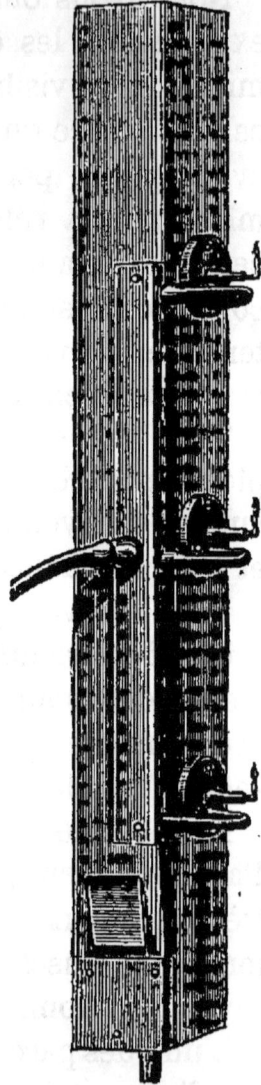

Fig. 57. — Tuyau ouvert à flammes manométriques.

Imaginons maintenant que le tuyau sonore soit adapté à une soufflerie et qu'on mette en vibration l'air qu'il renferme. Nous savons qu'alors la colonne gazeuse entre en vibration, qu'elle est alternativement condensée et dilatée par la propagation des ondes sonores. Si le son rendu par le tuyau est le son fondamental, c'est au milieu de la colonne gazeuse qu'il se forme un nœud : en ce point, la dilatation et la compression de l'air atteignent leur maximum. Les condensations et dilatations successives se transmettent alors à la capsule manométrique du milieu, dont la flamme s'allonge et se raccourcit alternativement, exécutant une série de mouvements qui accusent l'état vibratoire du corps sonore. Si l'on fait rendre au tuyau l'octave du son fondamental, il y aura un ventre vis-à-vis la capsule du milieu et un nœud à chacune des deux autres. Aussi verra-t-on les flammes extrêmes très-agitées, tandis que celle du milieu restera immobile. Ces phénomènes sont aisés à expliquer.

Nous savons en effet, que, dans les tuyaux sonores, la colonne gazeuse vibrante se divise en parties séparées par des nœuds, et dont les points milieux sont des ventres de vibrations. En chaque nœud, l'air est en repos, mais sa densité est alternativement maximum et minimum. Chaque ventre, au contraire, est le point où la vitesse d'ébranlement est la plus grande possible, tandis que la densité de l'air y reste invariable. Or, comme les variations de densité déterminent des variations de pression et que celles-ci se transmettent aux flammes par les membranes des capsules, il en résulte que les flammes manométriques sont très-agitées lorsqu'elles se trouvent en face des nœuds, tandis qu'elles restent en repos, si elles correspondent à un ventre de la colonne vibrante. La méthode de M. Kœnig permet de constater l'existence de ces divers états : en donnant aux flammes une faible dimension, l'agitation qu'elles subissent vis-à-vis les nœuds les fait éteindre, tandis qu'elles restent allumées en face des ventres.

Pour rendre plus sensibles les allongements et les raccourcissements de la flamme, M. Kœnig emploie un mode de projection semblable à celui que M. Lissajous a adopté pour la méthode optique. Il place un miroir à côté du bec d'où jaillit la flamme, et lui imprime un mouvement de rotation à l'aide d'une roue d'angle et d'une manivelle. Aussitôt que le tuyau résonne, le miroir tournant laisse voir une

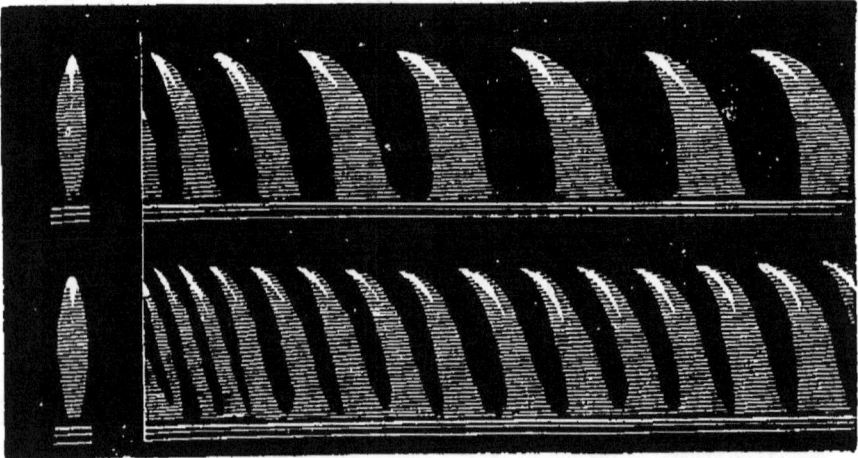

Fig. 53. — Flammes manométriques du son fondamental d'un tuyau et de son octave aiguë.

succession de flammes séparées par des intervalles obscurs, ou une bande lumineuse à bords dentelés. En plaçant une lentille convergente entre le bec et le miroir tournant, on projette une image nette et brillante sur un écran, où l'on peut alors étudier toutes les particularités du phénomène.

Ainsi, dans les deux expériences que nous avons décrites plus haut, où le tuyau rend successivement

le son fondamental et son octave, le changement de
hauteur dont il s'agit se manifeste immédiatement

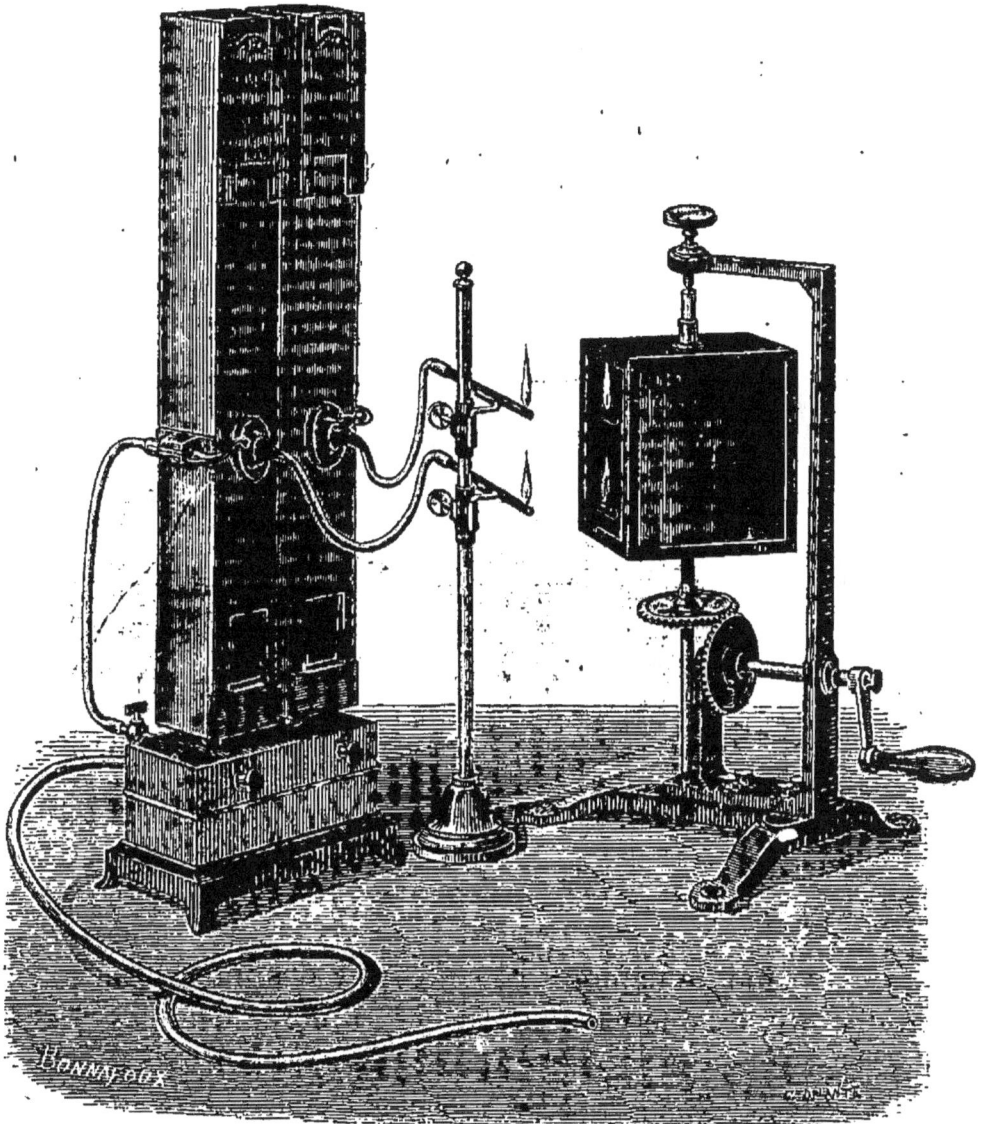

Fig. 59. — Appareil de M. Kœnig pour la comparaison des mouvements
vibratoires de deux tuyaux sonores.

dans les flammes manométriques, ainsi que la
marque la figure 58, où la série supérieure repré-

sente l'effet produit par les vibrations du son fondamental, tandis que la série inférieure provient du son qui en est l'octave aiguë. Le nombre des flammes est double dans le second cas.

On obtiendrait le même résultat, en adaptant à la soufflerie deux tuyaux différents résonnant à l'octave l'un de l'autre; chacun d'eux est muni d'une capsule manométrique, et les flammes réfléchies sur le même miroir tournant donnent les deux séries que nous venons de représenter.

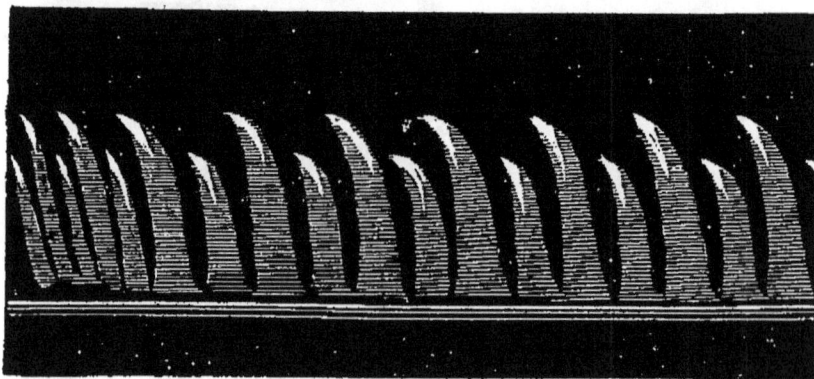

Fig. 60. — Flammes manométriques données simultanément par deux tuyaux à l'octave.

Pour comparer les hauteurs des sons de tuyaux résonnant à des intervalles différents, M. Kœnig emploie encore une autre méthode. Il fait passer le gaz dont la combustion donne les flammes, d'une capsule à l'autre, mais il n'allume qu'un seul des deux becs. En faisant alors résonner simultanément les deux tuyaux, la même flamme se trouve alors agitée par les deux systèmes d'ondes sonores, et l'on voit se succéder sur l'écran des flammes alternativement grandes et petites (fig. 60), et dont le nombre dépend de l'intervalle musical des sons.

« Cette disposition, dit M. Kœnig, est même préférable à la première, chaque fois que le rapport
entre les deux tuyaux n'est pas tout à fait simple. Par
exemple, pour les tuyaux *ut* et *mi* (tierce), l'observation de quatre images correspondant à cinq devient déjà difficile; mais la succession d'images qui,
par groupes de cinq, s'allongent et se raccourcissent,

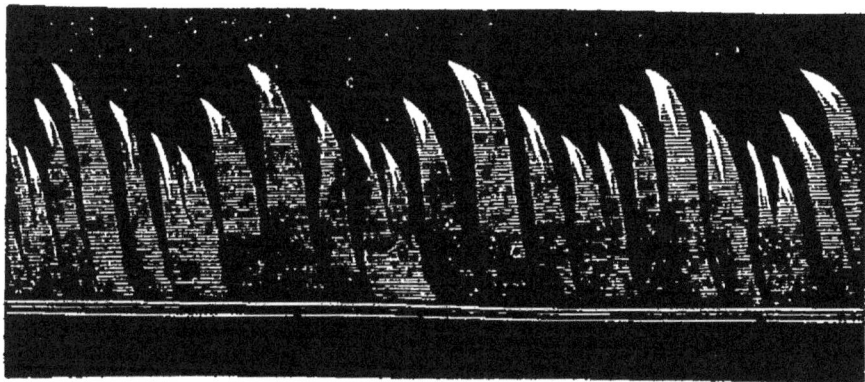

Fig. 61. — Flammes manométriques de deux tuyaux à la tierce.

et qu'on obtient dans le miroir tournant par la seconde disposition (fig. 61), n'est pas d'une apparence
très-compliquée.

§ 5. — Timbre des sons musicaux.

Nous avons vu que, parmi les qualités d'un son
musical, il en est une qui permet de différencier les
sons ayant même hauteur et même intensité. Le *la*
d'un violon n'a pas du tout le même caractère que
le *la* d'une flûte, d'un piano, ou que le *la* émis par
une voix humaine; bien plus, sur le même instrument, un son ne résonne pas de la même manière,
si la façon de le produire change : ainsi le *la* obtenu

par la corde du violon vibrant dans toute sa longueur, n'est pas identique au *la* qu'on obtient avec
le quatrième doigt pinçant la corde de *ré*. Enfin les
voix humaines se distinguent les unes des autres,
comme chacun de nous peut en faire à chaque instant l'expérience, alors même qu'elles émettent des
sons de même intensité et de même hauteur.

Cette qualité particulière des sons est ce qu'on
nomme le *timbre*.

On n'a eu longtemps sur la cause de cette modification des sons que des idées vagues. Voici ce que
Rousseau en disait, en 1775, dans l'*Encyclopédie*
(art. SON) :

« Quant à la différence qui se trouve encore entre
les sons par la qualité du timbre, il est évident
qu'elle ne tient ni au degré de gravité, ni même à
celui de force. Un hautbois aura beau se mettre
exactement à l'unisson d'une flûte, il aura beau ra-
doucir le son au même degré, le son de la flûte aura
toujours je ne sais quoi de doux et de moelleux,
celui du hautbois je ne sais quoi de sec et d'aigre,
qui empêchera qu'on ne puisse jamais les confondre. Que dirons-nous des différents timbres des
voix de même force et de même portée? Chacun
est juge de la variété prodigieuse qui s'y trouve.
Cependant, personne que je sache n'a encore exa-
miné cette partie, qui, peut-être, aussi bien que les
autres, se trouvera avoir des difficultés : car la qualité de timbre ne peut dépendre, ni du nombre des
vibrations qui font le degré du grave à l'aigu, ni de
la grandeur ou de la force de ces mêmes vibrations
qui fait le degré du fort au faible. Il faudra donc
trouver dans les corps sonores une troisième modi-

fication différente de ces deux, pour expliquer cette
dernière propriété, ce qui ne me paraît pas une
chose trop aisée. »

D'une communication à l'Académie des sciences,
faite cette année même (1875), il résulte que Monge
avait conçu, sinon la théorie du timbre, telle que les
expériences du physicien allemand Helmholtz l'ont
établie tout récemment, du moins le principe sur
lequel repose cette théorie. Voici le texte dans lequel
se trouve mentionnée cette opinion de l'illustre
géomètre français : «... J'ai ouï dire à M. Monge, de
l'Académie des sciences, que ce qui déterminait tel
ou tel timbre, ce ne devait être que tel ou tel ordre
et tel ou tel nombre de vibrations des aliquotes de
la corde qui produit un son de ce timbre-là;... il
ajoutait que, si l'on pouvait parvenir à supprimer
les vibrations des aliquotes, toutes les cordes sonores, de quelques différentes matières qu'elles fus-
sent, auraient sûrement le même timbre [1]. »

En 1817, Biot reproduisait en d'autres termes l'hypothèse de Monge (qui avait dû être, en 1794, son
professeur à l'École polytechnique récemment fon-
dée). Il disait dans son *Précis élémentaire de physique expérimentale* :

« Tous les corps vibrants font entendre à la fois,
outre leurs sons fondamentaux, une série infinie
de sons d'une intensité graduellement décroissante.
Ce phénomène est pareil à celui des sons harmoniques des cordes, mais la loi de la série des harmo-

---

1. Cité par M. Résal, comme extrait d'un opuscule de
Suremain-Missery, ancien officier d'artillerie, membre de
l'Académie des sciences de Dijon, opuscule intitulé : *Théorie
acoustico-musicale*, 1793.

niques est différente pour les différentes formes de
corps. Ne serait-ce pas cette différence qui produirait le caractère particulier du son produit par chaque forme de corps, ce qu'on appelle le *timbre*, et
qui fait, par exemple, que le son d'une corde et
celui d'un vase ne produisent pas en nous la même
sensation? Ne serait-ce pas la dégradation d'intensité
des harmoniques de chaque série, qui nous y ferait
trouver agréables des accords que nous ne suppor-
terions pas s'ils étaient produits par des sons égaux ;
et le timbre particulier de chaque substance, du bois
et du métal, par exemple, ne viendrait-il pas de
l'excès d'intensité donné à tel ou tel harmonique [1]? »

1. L'idée que la cause du timbre est dans la concomitance
de sons faibles accompagnant le son principal, idée parfaitement exprimée par Monge, puis développée par Biot, a per-
sisté jusqu'aux expériences d'Helmholtz. Ainsi nous voyons
M. Daguin dans son Traité de physique (1855, 1re édition)
s'exprimer ainsi à cet égard :
« Dans les instruments de musique, le timbre est dû le
plus souvent à des sons faibles qui accompagnent celui que
l'on cherche à produire seul. Tantôt ces sons concomitants
proviennent des parties vibrantes elles-mêmes, qui font
ainsi entendre quelques sons à la fois ; d'autres fois le corps
vibrant transmet ces vibrations aux autres parties de l'instrument..... Le timbre peut être dû encore à la manière
dont varie la vitesse des parties du corps vibrant, pendant
qu'il parcourt l'amplitude de chaque vibration. Les courbes
qui représentent les ondes sonores peuvent être de forme
variable, et l'onde dilatante peut être différente de l'onde
condensante ; il peut même se faire qu'il y ait des interrup-
tions entre les ondes successives. »
Ainsi peu à peu se sont précisées les vues des physiciens
sur la cause hypothétique du timbre ; mais il restait à en
démontrer la réalité par des faits, par l'observation expérimentale : c'est là le mérite qu'a eu M. Helmholtz.

§ 6. — Influence des sons harmoniques sur le timbre.

Nous avons eu déjà plusieurs fois l'occasion de parler des sons harmoniques et de les définir. La nouvelle théorie du timbre exige que nous entrions à cet égard dans quelques détails.

Lorsqu'on écoute attentivement le son produit par une corde vibrante, on ne tarde pas à reconnaître que ce son n'est pas simple; outre le son fondamental, dont la hauteur dépend de la longueur, de la grosseur et de la tension de la corde, l'oreille démêle assez aisément un certain nombre d'intonations plus aiguës, d'ailleurs notablement moins intenses que le son fondamental. Supposons que la corde ébranlée soit la plus grave d'un violoncelle; elle donne le son que les physiciens ont coutume de noter ut_1. En même temps qu'elle résonne, on entend très-distinctement deux notes dont la plus grave est le sol_2, c'est-à-dire l'octave de la quinte ou la douzième du son fondamental; l'autre est le mi_3, double octave de la tierce majeure ou dix-septième. L'octave et la double octave ut_2 et ut_3 se distinguent aussi, un peu moins facilement, sans doute parce que le caractère musical de ces sons ressemble plus à celui du son fondamental, et qu'ils se confondent avec lui.

On a donné le nom de *sons harmoniques* ou simplement d'harmoniques à ces sons plus faibles dont la plupart des sons musicaux sont accompagnés et dont la première étude, faite par un physicien français, Sauveur, remonte à l'année 1700. Cette dénomination vient sans doute de ce que les premiers harmoniques observés, notamment ceux que nous venons de dire, forment entre eux et avec le son fondamental des accords consonnants ou des consonnances. Mais on a bientôt constaté que ce ne sont pas les seuls et que la série des harmoniques est beaucoup plus étendue.

Avant de les indiquer, comparons entre eux les nombres de vibrations du son fondamental et de ses harmoniques. En représentant le son le plus grave par 1, la quinte est $\frac{3}{2}$ et par conséquent, l'octave de la quinte est 3; la tierce est $\frac{5}{4}$ et sa double octave est 5; enfin l'octave et la double octave du fondamental seront représentés par les nombres 2 et 4 [1]. De sorte que si l'on range par ordre de hauteur, du grave à l'aigu, tous les sons en question, on trouve la série : 1, 2, 3, 4, 5.

Les cordes vibrantes ne sont pas seules accompagnées d'harmoniques; les sons des tuyaux sonores, ceux de la voix humaine sont riches en sons de ce genre qui, du reste, ne se distinguent pas tous avec la même facilité, même pour les oreilles exercées : il faut pour les reconnaître des moyens d'analyse particuliers, dont nous parlerons tout à l'heure. Notons seulement que parmi les sons partiels qui forment les sons composés, il en est qui ne sont pas des sons harmoniques. Les tiges et les plaques métalliques, les cloches de métal ou de verre, les membranes donnent, quand on les fait résonner, des sons partiels qui ne rentrent point dans la série

---

1. Cela est vrai pour les intervalles de la gamme des physiciens. La tierce de la gamme pythagoricienne est $\frac{81}{64}$; sa double octave est $\frac{81}{16}$ ou 5 $\frac{1}{16}$. Sous ce rapport donc, la gamme des physiciens paraît devoir être préférée.

des harmoniques et qui d'ailleurs, au point de vue musical, impressionnent désagréablement l'oreille.

Quel est donc le caractère physique propre aux harmoniques? En quoi se distinguent-ils des autres sons partiels qu'un corps sonore peut produire? La définition n'est autre que la généralisation du résultat obtenu plus haut : Un son fondamental a pour harmoniques tous les sons dont les nombres de vibrations sont des multiples entiers du nombre des vibrations totales qui mesurent sa hauteur; ils sont donc représentés par la suite des nombres entiers 1 2 3 4 5 6 7 8 9 10 11 etc... Il est bien entendu d'ailleurs que cette suite est limitée par la perceptibilité des sons. Mais elle est beaucoup plus étendue qu'on ne le croyait d'abord.

Une expérience aussi simple qu'ingénieuse, due à Sauveur, permet d'analyser en les isolant, les sons harmoniques d'une corde vibrante. Elle est basée sur la loi qui lie les nombres de vibrations aux longueurs des cordes, d'où il résulte que les harmoniques s'obtiennent en divisant la corde donnée en des nombres entiers de parties égales. Quand on met la corde entière en vibrations, si, outre le son fondamental, elle produit les harmoniques, c'est donc qu'en réalité elle se divise en parties vibrantes; c'est, comme le dit Sauveur, que « chaque moitié, chaque tiers, chaque quart d'une corde a ses vibrations à part, tandis que se fait la vibration de la corde entière. » Pour reconnaître l'existence de ces subdivisions de la corde, il suffit d'appuyer légèrement au point qui est susceptible de donner le son harmonique qu'on veut obtenir isolément, à la moitié ou au quart de la corde, si l'on veut obtenir la première ou la seconde octave, au tiers, au cinquième; si l'on veut la douzième ou la dix-septième. En faisant alors vibrer la plus petite partie de la corde, on entend la note voulue; les deux parties vibrent d'ailleurs ensemble, et la plus grande se subdivise, comme il est aisé de le constater si l'on place de petits chevalets de papier aux nœuds et aux ventres ; ces derniers tombent, les autres restent seuls. C'est du reste, on se le rappelle, une expérience que nous avons déjà décrite.

Nous avons dit que l'analyse des sons harmoniques par l'oreille était assez difficile, au delà de la douzième et de la dix-septième. Voici à ce sujet quelques détails intéressants donnés par Helmholtz pour faciliter aux observateurs novices, les moyens de distinguer ces sons. « Je ferai remarquer, dit-il, à ce propos que l'éducation musicale de l'oreille n'entraîne pas nécessairement plus de facilité, plus de sûreté dans la perception des sons partiels. Il s'agit plutôt ici d'une certaine puissance d'abstraction de l'esprit, d'un certain empire sur sa propre attention, que des habitudes musicales. Le musicien exercé a cependant ici un avantage essentiel ; il se représente facilement les sons qu'il cherche à entendre, tandis qu'une personne étrangère à la musique est obligée de les faire résonner sans cesse pour les avoir toujours présents à la mémoire. Il faut remarquer d'abord qu'on entend généralement les sons partiels impairs, c'est-à-dire les quintes, les tierces, les septièmes du son fondamental, plus facilement que les sons partiels pairs qui sont les octaves du son fondamental ou des autres harmoniques; de même qu'il est plus facile de distinguer dans un accord

les quintes et les tierces que les octaves. Le second
son partiel, le quatrième et le huitième sont des
octaves du son fondamental, le sixième est l'octave
du troisième, de la douzième; il faut déjà quelque
habitude pour les distinguer. Parmi les sons partiels impairs, les plus faciles à entendre sont en
général, par ordre d'intensité, le troisième, c'est-à-
dire la douzième du son fondamental ou la quinte
de l'octave supérieure; puis le cinquième ou la
tierce, enfin le septième ou la septième mineure,
déjà beaucoup plus faible, de la seconde octave. La
série des harmoniques est représentée sur la portée
par les notes suivantes :

« Dans les commencements, pour observer les
harmoniques, il est bon de faire résonner très-dou-
cement avant le son qu'on va analyser, les notes
qu'on cherche à entendre, en leur conservant autant que possible un timbre identique à celui de
l'ensemble. Le piano et l'harmonium conviennent
très-bien à ces sortes de recherches, parce que ces
deux instruments donnent des harmoniques d'une
assez grande intensité. »

Le savant que nous venons de citer s'est beaucoup occupé de l'analyse des sons, et notamment
des harmoniques; c'est sur cette analyse qu'il a
basé la théorie du timbre, que nous résumerons
bientôt dans ses points essentiels. Nous renvoyons
le lecteur à l'ouvrage où il a consigné le résultat de

ses recherches [1], mais nous citerons encore ce qu'il dit des harmoniques de la voix : « Il est plus facile de percevoir les harmoniques dans le son des instruments à cordes, de l'harmonium, des registres mordants de l'orgue que dans celui des instruments à vent ou de la voix humaine; ici, en effet, il n'est pas aussi facile d'émettre préalablement, avec une faible intensité, l'harmonique dont il s'agit, tout en lui conservant le même timbre. On arrive bientôt, cependant, avec quelque exercice, au moyen du son d'un piano, à guider l'oreille vers l'harmonique qu'il faut entendre. Ce sont les sons partiels de la voix humaine qu'il est relativement le plus difficile d'isoler. Cependant, Rameau avait déjà distingué les harmoniques de la voix, et cela, sans aucun secours artificiel. On peut faire l'expérience de la manière suivante : faites tenir à une voix de basse la note mi_4 sur la voyelle O ; puis touchez faiblement le si_2 du piano, troisième son partiel du mi_4, et laissez-le s'éteindre en fixant l'attention sur lui. En apparence, le si_2 du piano se prolongera au lieu de s'éteindre, quoique vous abandonniez la touche, parce que l'oreille passe insensiblement du son du piano à l'harmonique correspondant de la voix, et prend ce dernier pour le prolongement du premier. Or, la touche étant abandonnée à elle-même, et l'étouffoir étant retombé sur la corde, il est impossible que celui-ci continue de résonner. Si l'on veut faire l'expérience sur le cinquième son partiel du mi_4, c'est-à-dire sur le sol_3, il vaut mieux que le chanteur donne un A. »

1. *Théorie physiologique de la musique.* Trad. Guéroult.

Du reste, c'est au moyen des globes de verre dits *résonnateurs*, que l'analyse des harmoniques des sons peut se faire avec le plus de facilité. Avec une série nombreuse de ces appareils dont chacun est construit de manière à renforcer un son d'une hauteur déterminée, on reconnaît la présence des sons partiels qui accompagnent la note fondamentale d'un corps sonore en vibration, et l'on peut voir s'il appartient ou non à la série des sons harmoniques. De la sorte, des sons trop faibles pour être perçus par l'oreille la plus exercée et la plus attentive se trouvent constatés, mais des expériences répétées de ce genre donnent une grande habitude à celui qui les fait avec soin, et il finit par reconnaître la présence de ces sons harmoniques sans aucun secours.

Voyons maintenant comment de la considération des harmoniques, Helmholtz est arrivé à la théorie du timbre. Il s'est d'abord posé cette question : Tous les corps sonores donnent-ils des harmoniques ? Non. Il y a aussi des sons qui ne sont produits que par un seul mode de vibration, et qu'on nomme pour cela des *sons simples*. Un diapason qu'on fait vibrer à l'orifice d'un tuyau sonore produit par exemple un son simple, sans mélange; les sons de la flûte, celui de la voyelle *ou* de la voix humaine sont des sons composés, mais qui se rapprochent beaucoup des sons simples, leurs harmoniques ayant une très-faible intensité. Helmholtz a remarqué, en premier lieu, que les sons simples diffèrent entre eux d'intensité ou de hauteur, mais qu'ils n'offrent pas de différence sensible de timbre. Quant aux sons, composés d'un son fondamental et de sons partiels, mais non harmoniques, leur timbre provient, selon lui, du degré de persistance et de régularité des sons partiels ; mais ils sont peu agréables à l'oreille et de peu d'usage en musique : les plaques métalliques, les cloches de verre ou de métal, les membranes donnent des sons de ce genre.

Ainsi, premier point établi : les sons simples, dépourvus d'harmoniques, ne se distinguent pas entre eux par leur timbre. Second point : les sons composés, mais n'ayant pas d'harmoniques véritables, ont des timbres fort différents, mais ils sont dépourvus du caractère musical.

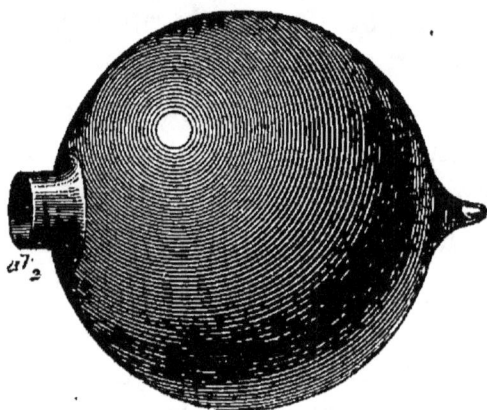

Fig. 62. — Résonnateur de M. Helmholtz.

Restent donc les sons musicaux proprement dits, composés d'un son fondamental et de sons partiels, harmoniques du premier. Pour ces sons, Helmholtz a démontré que les différences de leurs timbres dépendent à la fois de la présence des sons harmoniques supérieurs et de leur intensité relative; mais nullement de leurs différences de phases. Voici comment on peut constater expérimentalement l'exactitude de cette théorie du timbre :

Une série de globes creux en cuivre, de diverses grosseurs, percés de deux ouvertures d'inégal diamètre, sont construits de telle sorte que dans cha-

cun d'eux la masse d'air intérieure résonne, quand
on met en présence de la grande ouverture un corps

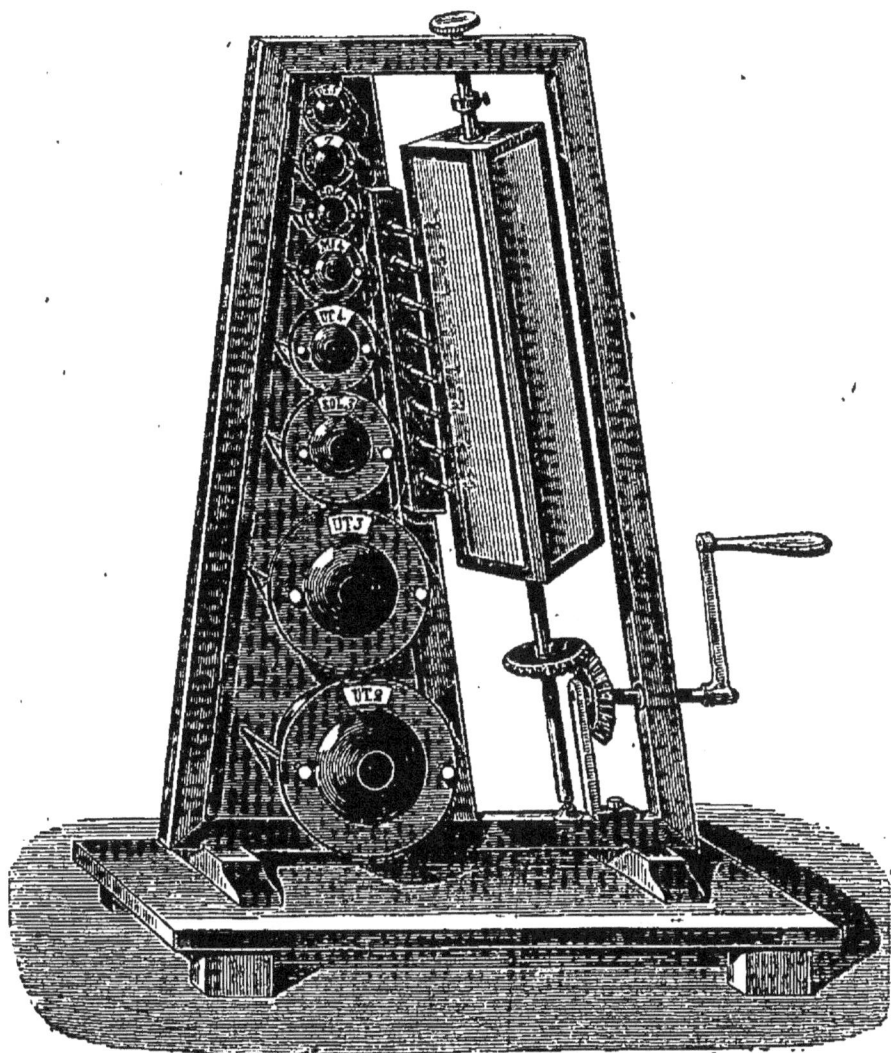

Fig. 63. — Appareil de M. Kœnig pour l'analyse des timbres des sons musicaux.

rendant un son déterminé (fig. 62). Ces globes se
nomment des *résonnateurs*. Leur propriété consiste donc à renforcer, par l'entrée en vibration de

l'air qu'ils renferment, les sons mêmes pour lesquels ils ont été accordés.

Cela posé, M. Kœnig a construit un appareil formé de huit résonnateurs accordés pour la série des sons harmoniques, 1, 2, 3, 4, 5, 6, etc., par exemple pour les sons ut$_2$ ut$_3$ sol$_3$ ut$_4$ mi$_4$ sol$_4$ etc. La figure 63 montre qu'ils sont fixés sur un support l'un au-dessus de l'autre. Chacun communique par un tube de caoutchouc partant de la petite ouverture, avec une capsule manométrique; les becs de gaz de ces capsules se trouvent rangés parallèlement à un miroir tournant, et l'on peut voir aisément dans la surface de ce miroir, par l'état de repos ou d'agitation des flammes, quels sont les résonnateurs qui entrent en vibration. Quand on fait vibrer un corps sonore, un diapason par exemple, et qu'on le promène devant les ouvertures des résonnateurs, le son est renforcé dès qu'il passe devant celui qui rend le son de même hauteur : la flamme de ce résonnateur apparaît agitée dans le miroir. Si donc, on fait entendre un son composé, pour étudier les harmoniques de ce son et leur intensité relative, on promènera le corps sonore devant les ouvertures des résonnateurs, et l'on verra certaines flammes agitées, tandis que les autres restent en repos. L'agitation plus ou moins vive permettra de juger de l'intensité comparative des divers harmoniques.

C'est ainsi qu'on peut constater ce fait, qu'une variation dans le timbre d'un son de hauteur donnée résulte de la différence des harmoniques qui le composent et de la prédominance de tel ou tel de ces sons secondaires.

Helmholtz a appliqué cette méthode à l'étude des
sons émis par la voix humaine; il a constaté, au
moyen des résonnateurs, l'existence des harmoniques, dont les six ou huit premiers sont nettement perceptibles, mais en offrant des variations
d'intensité qui dépendent des diverses positions de
la bouche, c'est-à-dire des formes que la cavité
buccale affecte en prononçant des voyelles différentes. En un mot, « la hauteur des sons de plus
forte résonnance de la bouche dépend seulement
de la voyelle pour l'émission de laquelle la bouche
est disposée, et change d'une manière assez notable, même pour les petites modifications du timbre
de la voyelle, comme en présentent les différents
dialectes d'une même langue. » Chaque voyelle a
donc un timbre spécial qui résulte de la prédominance d'un son harmonique particulier et de hauteur absolue, de sorte que, sous ce rapport, la voix
humaine émet des sons qui se distinguent essentiellement des sons émis par les instruments de
musique.

Ainsi, la voyelle a a pour son spécifique ou carac-
téristique le *si bémol*₄. Quand nous prononçons le
son a, à une hauteur quelconque, c'est le *si bémol*₄
qui est le son dominant, ou de plus forte résonnance, de la cavité buccale. Voici les sons spécifi-
ques correspondant à diverses voyelles. Helmholtz
suppose qu'elles sont prononcées par un Allemand
du nord, la différence de prononciation pouvant
produire des différences dans le timbre :

OU	O	A	AI	E	I	EU	U
fa_2	$si\flat_3$	$si\flat_4$	$ré_4$ sol_5	fa_3 $si\flat_5$	fa_2 $ré_6$	fa_3 $ut\sharp_5$	fa_2 sol_5

Voici d'ailleurs un mode très-simple de vérification du timbre des voyelles. Prenez un diapason donnant le si bémol$_4$, et pendant qu'il vibre, tenez-le en avant de votre bouche; puis prononcez tout bas, sans vous entendre vous-même, les deux voyelles *a*, *o*, plusieurs fois et successivement répétées. Vous observerez que le son du diapason est renforcé, toutes les fois que votre bouche fait le mouvement particulier à la voyelle *a*, tandis qu'il n'est pas modifié par la voyelle *o*. Le même phénomène se manifesterait pour deux voyelles quelconques, si l'on employait un diapason à l'unisson avec le son harmonique prédominant de l'une d'elles.

Voilà donc une série de phénomènes, inexpliqués jusqu'ici, dont la production se trouve rattachée aux lois connues des vibrations des corps sonores.

§ 7. — Interférences sonores.

De la lumière ajoutée à de la lumière peut, dans certaines circonstances, produire, non pas un accroissement d'intensité lumineuse, mais au contraire une diminution d'éclat, parfois même une obscurité complète. Ce phénomène, d'apparence si paradoxale, s'explique cependant, on le sait, dans le système des ondulations, et de la façon la plus simple. Quand deux ondes lumineuses se rencontrent, le mouvement des molécules d'éther qui constitue ces ondes, tantôt s'ajoutent, tantôt au contraire se détruisent en partie ou totalement. Une même molécule astreinte à faire au même instant deux oscillations opposées, reste en repos ; or le repos, c'est l'obscurité. Nous ne faisons que rappeler ici très-sommairement, et le phénomène et la théorie des interférences lumineuses, parce que nous allons parler d'un phénomène analogue, de l'interférence des ondes sonores.

Supposons que deux ébranlements sonores, émanés de deux sources différentes, se propagent dans le même milieu élastique, dans l'air par exemple. Les vibrations ou ondes aériennes qui en résultent, coexisteront généralement dans le milieu : c'est-à-dire qu'en chaque point et à chaque instant, il y aura superposition des petits mouvements qui constituent ces vibrations. Les condensations et dilatations successives se composeront, tantôt s'ajoutant, tantôt se retranchant suivant les lois de la mécanique. Que les deux sons aient la même longueur d'ondulation ou la même hauteur, et aussi la même intensité, et il pourra arriver qu'ils se détruisent : il suffira pour cela que les deux ondes aient des phases opposées, que la demi-onde condensante de l'un coïncide exactement avec la demi-onde dilatante de l'autre. Les deux mouvements se détruisant, le milieu élastique restera en repos dans tous les points où aura lieu cette destruction de mouvements, et il en résultera, quoi ? du silence. Voilà donc établi théoriquement ce paradoxe de l'acoustique : *Un son ajouté à un autre son peut donner du silence.*

Dans la figure 64, on voit la représentation graphique de divers cas d'interférence sonore. Les ondes *a a a..*, *b b b..*, s'ajoutent et produisent

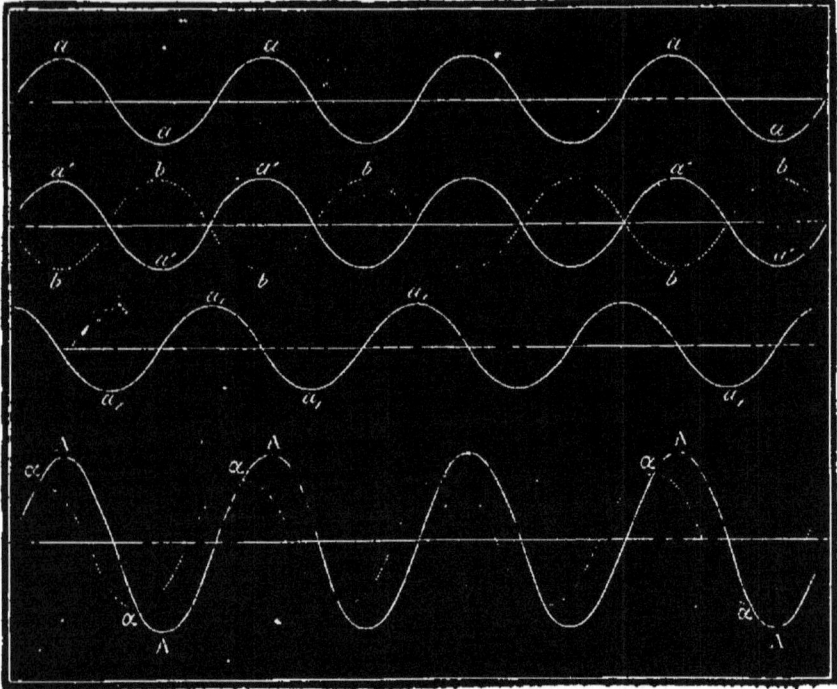

Fig. 64. — Interférences des ondes sonores.

l'onde A A A. Les ondes *a a a..*, *a₁ a₁ a₁* se composent en donnant pour onde résultante, l'onde *α α α...*; enfin les ondes opposées *a a a... b b b...* se détruisent dans tous leurs points ; l'onde résultante sera nulle. Il y a interférence complète des sons.

Voilà pour la théorie. Il reste à faire voir comment l'expérience permet de réaliser ces conséquences singulières des principes de l'acoustique. Wheatstone s'est servi pour prouver l'interférence du son d'un tuyau sonore à deux branches, bifur-

quées en forme de deux jambages d'un Y : en disposant les ouvertures au-dessus d'une plaque vibrante
qu'il faisait résonner, il obtenait à volonté, soit un
renforcement du son produit, soit le silence du tuyau.
Il y avait renforcement du son, c'est-à-dire entrée
en vibration de la colonne d'air du tuyau, quand les
deux ouvertures correspondaient à deux ventres
alternes de la plaque, ayant des mouvements de
même sens ; le tuyau restait silencieux, si les deux
ouvertures étaient placées vis-à-vis deux ventres consécutifs ou doués de mouvements de sens contraire.

Le savant physicien anglais faisait une expérience
tout aussi concluante au moyen d'un appareil où
les deux tuyaux, placés parallèlement, étaient reliés
par un troisième tuyau à angle droit avec les premiers : deux ouvertures percées aux extrémités des
tuyaux latéraux, se trouvaient en regard l'une de
l'autre, si les tuyaux étaient disposés parallèlement.
Dans cette position, on interposait entre eux une
plaque sonore qu'on mettait en vibration, et ainsi
l'ouverture de chaque tuyau se trouvait en regard
d'une même région de la plaque, mais l'une d'un
côté, l'autre de l'autre, de sorte que les mouvements
vibratoires communiqués à la colonne d'air de l'un
étaient exactement opposés à ceux que recevait la
colonne de l'autre. Ces deux ondes se propageant
au même instant en sens inverse se détruisaient, et
le son de la plaque s'entendait seul. Mais si alors
on faisait tourner l'un des tuyaux, de façon qu'une
seule des deux ouvertures se trouvât placée en regard de la surface vibrante, l'interférence cessait, le
tuyau entrait en vibration ; le renforcement du son
de la plaque se faisait aussitôt entendre.

Empruntons maintenant à Helmholtz, deux autres exemples où a lieu le phénomène d'interférence, c'est-à-dire où le son se trouve détruit par le son :

« Supposons, dit-il, deux tuyaux d'orgue exactement semblables, accordés à l'unisson, et montés sur le même sommier, tout près l'un de l'autre. Chacun d'eux, isolément frappé par l'air, donne un son intense ; mais si on fait arriver le vent dans les deux à la fois, le mouvement de l'air est modifié de telle sorte, que le courant entre dans l'un des tuyaux, pendant qu'il sort de l'autre ; aussi n'arrive-t-il à l'oreille d'un observateur éloigné aucun son ; on ne peut entendre alors que le frôlement de l'air. Le diapason présente également des phénomènes d'interférence, qui viennent de ce que les deux branches exécutent leurs mouvements en sens contraires. Si l'on frappe un diapason, qu'on l'approche de l'oreille, et qu'on le fasse tourner autour de son axe, on trouve quatre régions où l'on entend distinctement le son ; dans les quatre régions intermédiaires, le son devient inappréciable. Les quatre premières sont celles où l'une des deux branches, ou bien l'un des deux plans latéraux du diapason viennent faire face à l'oreille. Les autres sont placées dans des positions intermédiaires, à peu près dans des plans menés par l'axe du diapason, à 45° sur les plans des branches. » (*Théorie physiologique de la musique*). L'interférence, dans ce dernier cas, a lieu dans les points où les mouvements en sens contraire des deux branches du diapason qui agissent à la fois sur les mêmes régions de l'air ambiant, s'annulent.

N'est-ce pas à des interférences qu'il faut attribuer les inégalités d'intensité qu'on constate dans

le son d'une cloche mise en branle? Tantôt l'onde
arrive à l'oreille avec toute sa force, tantôt elle
semble comme annulée; de là, ces singulières
alternatives qui font croire que la cloche vibrante
s'approche ou s'éloigne. Quel que soit le mode de
division du corps sonore en parties vibrantes et en
lignes nodales, il arrive évidemment que les parties
diamétralement opposées agissent sur l'air au même
instant èn sens contraire, tout comme les branches
d'un diapason, et il nous semble fort plausible que
l'explication des variations d'intensité du son dans
le dernier cas, convienne aussi à celui que nous
venons de rappeler. Il faut ajouter que, le battant de
la cloche ne frappant pas toujours aux mêmes points,
il en doit résulter un déplacement des ventres et
des lignes nodales de la cloche.

§ 8. — Battements et sons résultants.

Pour que deux ondes sonores puissent se détruire
par leur interférence, il faut que les sons qui concourent, soient exactement à l'unisson l'un de
l'autre et aient la même intensité. Quand la première de ces conditions n'est pas remplie, le concours des deux sons produit encore, dans certains
cas, des phénomènes fort intéressants : tels sont les
battements et les *sons résultants*.

C'est à Sauveur qu'est due la découverte ou, si l'on
veut, la première étude scientifique des battements.

Quand deux sons, différant peu de hauteur, résonnent simultanément, l'oreille, outre l'impression
particulière de la dissonnance qui résulte de leur
simultanéité, entend des renforcements et des affai-

blissements périodiques. C'est à ces renforcements du son, à ces coups de force qu'on donne le nom de battements. L'expérience et le calcul s'accordent pour faire voir que le nombre des battements, dans un temps donné, dépend à la fois de la hauteur absolue des deux sons et de leur intervalle; en un mot, le nombre des battements est égal à la différence des nombres de vibrations complètes que les deux sons exécutent dans le temps donné.

Prenons un ou deux exemples. Considérons l'ut grave du violoncelle, effectuant 128 vibrations en une seconde, et faisons résonner en même temps le son, un peu inférieur à l'ut dièze, qui fait 133 vibrations. Le nombre des battements sera de 5 par seconde. Si l'intervalle était plus grand, celui du même ut au ré, le nombre des battements, égal à la différence des nombres 128 et 144, se trouverait égal à 16 par seconde. A l'octave supérieure, il serait double ou égal à 32; à l'octave inférieure, au contraire, il ne serait plus que 8. Il n'y aurait plus qu'un battement par seconde, si les deux sons étaient assez rapprochés l'un de l'autre pour qu'il n'y eût qu'une unité de différence entre les nombres de vibrations qu'ils effectuent séparément.

Les battements ne sont autre chose qu'un phénomène d'interférence. Il est facile de s'en rendre compte. Soient deux ondes sonores de périodes peu différentes, dont l'une effectue 8 vibrations complètes tandis que l'autre, qui correspond à un son plus élevé, en effectue 9 dans le même temps. On pourra les représenter l'une et l'autre par les deux courbes de la figure 65 dont les sinuosités marquent l'état de dilatation ou de condensation de l'air sur

le chemin commun des ondes, ou ce qui revient au
même, l'état du mouvement moléculaire dû à leur
transmission. En partant d'un point où le mouvement des deux ondes sonores est opposé, et où par
conséquent leurs effets se détruisent ou se neutra-

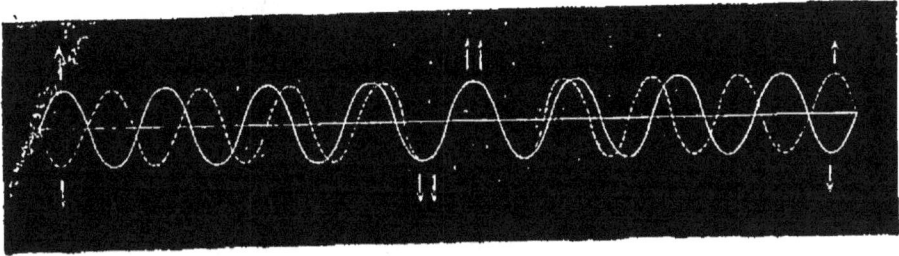

Fig. 65. — Courbes représentatives de deux sons qui donnent des
battements.

lisent, on voit que peu à peu elles se séparent ; au
bout de quatre vibrations et demie de la première,
la seconde en aura effectué 4 seulement ; dès lors,
les phases, au lieu d'être opposées, seront identiques ; les effets des ondes concourront, et par suite
leur amplitude ; l'intensité du son atteindra un
maximum qui va décroître ensuite dans toute la
moitié inverse de la période commune. Ainsi, à
chaque période de 9 vibrations du premier son et
de 8 vibrations du second, il y aura un affaiblissement et un renforcement et ainsi de suite. Dès lors
si, dans le cours d'une seconde, le nombre total des
périodes semblables est de 16, c'est-à-dire si le premier son, le plus grave, fait 128 vibrations complètes, tandis que l'autre en fait 144, le nombre des
renforcements du son ou des battements, sera de 16,
comme la loi énoncée plus haut le fait connaître.

Les battements peuvent être rendus visibles à
l'œil, grâce à l'emploi des méthodes optiques ou

graphiques qui servent à enregistrer les mouvements vibratoires. Le phonauto-
graphe de Scott est un appareil
qui remplit fort bien cet objet.
C'est un paraboloïde de révolution
coupé à son foyer, où l'on tend une
membrane qui vibre sous l'influence des ondulations que reçoit
la surface intérieure du paraboloïde, et que cette surface réfléchit.
Un style très-léger, fixé à la membrane, trace sur un cylindre tournant une courbe sinueuse qui représente les vibrations aériennes
transmises. Telles sont les courbes
de la figure 66. L'une représente
les battements de deux sons, dont
l'intervalle est celui d'une même
note à la même note dièsée; l'autre,
ceux qui naissent du concours de
deux sons, distants seulement d'un
comma. Dans ces courbes, on voit
parfaitement accusées les périodes de renforcement ou d'affaiblissement du son.

On parvient au même résultat,
au moyen de la méthode optique
de M. Lissajous, ou avec les flammes manométriques et les miroirs
tournants de M. Kœnig.

Nous avons dit que les battements se produisent surtout
quand les sons émis sont presque de même hau-

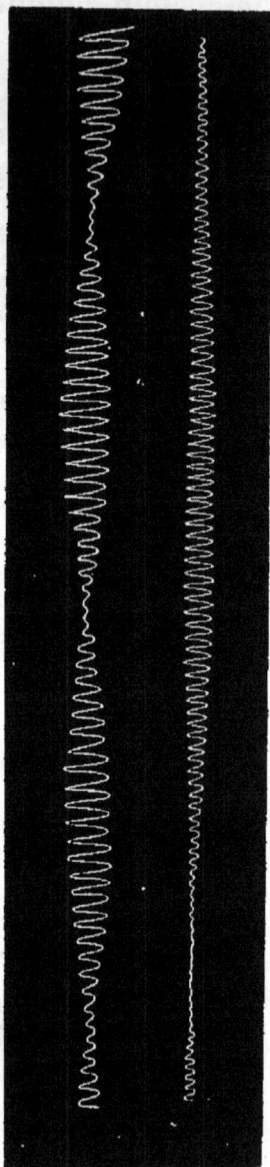

Fig. 66. — Battements
produits par deux sons
dont l'intervalle est
1° d'une seconde mi-
neure, 2° d'un comma.

teur. Mais ils sont d'autant plus sensibles que les sons approchent plus d'être simples; c'est ce qui arrive avec les diapasons, les tuyaux fermés ; alors les battements sont séparés par des intervalles de silence presque complet et d'autant plus sensibles. Dans les instruments qui produisent des sons composés, quand, par suite des phénomènes d'interférence, les sons fondamentaux s'annulent, on entend encore résonner les harmoniques, qui eux-mêmes déterminent des battements . Un moyen commode d'obtenir des battements bien distincts, c'est de se servir de deux tuyaux fermés à l'unisson: aussitôt que les tuyaux parlent, on approche le doigt de l'embouchure de l'un d'eux, ce qui produit un abaissement léger de la hauteur du son. A l'instant, les battements s'entendent. On vient de voir que les harmoniques produisent aussi des battements. Voici ce qu'en dit Helmholtz : « Quand deux sons complexes exécutent des battements, les harmoniques en donnent également ; à chaque battement du son fondamental, correspondent deux battements du second son élémentaire, trois du troisième, etc. Pour des harmoniques d'une certaine intensité, il serait donc facile de se tromper en comptant les battements, surtout si les coups du son fondamental sont très-lents, et séparés par des silences d'une ou deux secondes ; si, dans ces conditions-là, on veut bien apprécier la hauteur des sons qui battent, il est nécessaire de recourir à des résonnateurs. »

Le concours de deux sons très-intenses, de hauteurs différentes, donne lieu aussi à un phénomène particulier, à un son qui diffère à la fois de chacun des sons primaires et de leurs harmoniques. Pour évaluer la hauteur de ce son qu'on nomme *son résultant*, on fait la différence des nombres de vibrations des sons composants. Deux notes à l'octave dont le rapport des nombres 1 et 2 mesurent l'intervalle, produisent un son représenté par 1, c'est-à-dire à l'unisson du plus grave; deux notes à la quinte (rapport 2 à 3) donnent le son résultant 1, octave grave du premier son; à la tierce majeure (rapport 4 à 5) elles produisent le son 1, à la double octave grave du premier son, et ainsi de suite. La loi est, comme on voit, semblable à celle qui donne le nombre des battements, et l'on en avait conclu que les sons résultants n'étaient autre chose que le son engendré par le concours de battements assez rapides pour produire dans l'oreille l'impression d'un son musical. Mais cette théorie n'était pas exacte, ainsi qu'Helmholtz l'a prouvé par l'analyse et par l'expérience. En effet, outre les sons résultants différentiels qu'on vient de définir, ce savant a prouvé qu'il existe des sons résultants dont la hauteur est mesurée par la somme des nombres de vibrations des composants.

C'est un organiste allemand, Sorge, qui a le premier observé les sons résultants, mais c'est au célèbre musicien italien Tartini qu'on doit d'avoii le premier appelé l'attention des savants sur ce curieux phénomène, en 1754.

CHAPITRE IX

§ 1. — L'organe de l'ouïe chez l'homme.

Tous les phénomènes physiques se révèlent à l'homme par les impressions qu'ils produisent sur ses organes. Ce sont d'abord pour lui des sensations, simples ou composées, suivant qu'un ou plusieurs sens concourent à leur production. Ainsi c'est par l'intermédiaire de l'organe de la vue, de l'œil, que nous percevons la lumière, par le toucher que nous avons la sensation de la chaleur; l'effort que font nos muscles pour soulever un corps pesant, la vue d'une pierre qui tombe nous révèlent l'existence de la pesanteur; l'oreille enfin nous donne la sensation du son.

Mais, pour étudier les phénomènes en eux-mêmes, pour trouver les conditions et les lois de leur production, il importe que nous démêlions dans les sensations éprouvées ce qui appartient à nos organes de ce qui leur est étranger, extérieur : à cette condition seulement, la nature propre des phénomènes devient accessible à notre intelligence. A la vérité, cette abstraction n'est jamais complète, puisqu'il n'est pas une observation, pas une expérience qui ne nécessite la présence de l'homme et l'intervention de l'un ou l'autre de ses sens pour constater les résultats. Comment donc parvenons-nous à faire abstraction pour ainsi dire de nous-mêmes dans l'étude des phénomènes physiques ? C'est en variant de toutes les manières possibles leurs modes de production, ainsi que les méthodes dont nous nous servons pour les observer ; en un mot, c'est par le contrôle mutuel des sensations les unes par les autres que la vérité peu à peu se fait jour, et que les phénomènes nous apparaissent dans leur indépendance.

Grâce à l'emploi de ces méthodes, nous savons maintenant ce que c'est que le son : nous savons qu'il consiste en un mouvement particulier des molécules des corps élastiques, solides, liquides ou gazeux. Nous avons constaté l'existence des vibrations sonores et étudié leurs lois. Il nous reste maintenant à savoir comment ces vibrations se communiquent à nos organes, jusqu'au moment où faisant, pour ainsi dire, partie intégrante de notre être, l'ébranlement qu'elles communiquent à nos nerfs se transforme en une sensation particulière, qui est la sensation du son. L'oreille est l'appareil spécial, chargé, chez l'homme et chez tous les animaux, de recueillir les vibrations sonores et de les transmettre au nerf auditif. Essayons de faire comprendre d'après les anatomistes, la disposition et le rôle des diverses parties de cet organe.

Tout le monde connaît l'oreillé externe, située de chaque côté de la tête et composée de deux parties, le *pavillon* et le *conduit auditif.*

Le pavillon A (fig. 67) consiste en une membrane cartilagineuse dont la forme varie selon les indivi-dus, mais le plus souvent offre le contour d'un ovale

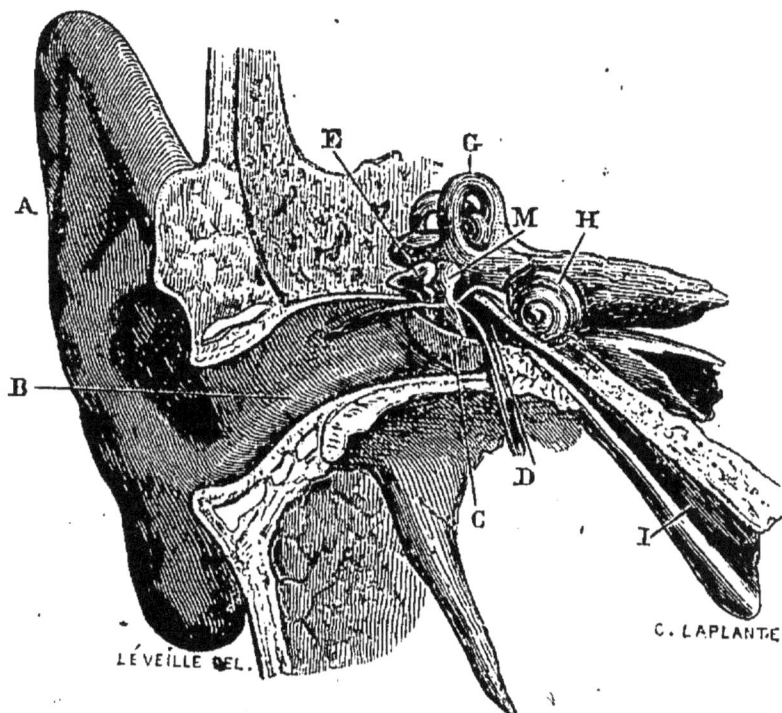

Fig. 67. — L'oreille humaine; vue intérieure.

A, Pavillon. — B, Conduit auditif. — C, Membrane du tympan. — E, En-clume. — M, Marteau. — H, Limaçon. — G, Canaux semi-circulaires. — I, Trompe d'Eustache.

irrégulier aminci à sa partie inférieure. Au centre, un entonnoir arrondi, évasé, la *conque,* forme l'en-trée du conduit auditif B, sorte de tube, de tuyau sonore, qui se termine à une certaine profondeur, au point même où commence ce qu'on nomme l'oreille moyenne. Là, se trouve séparée du conduit

auditif par une membrane très-mince et très-délicate C, nommée le *tympan*, une sorte de tambour D,
connu sous le nom de *caisse du tympan*. La membrane du tympan est inclinée assez obliquement sur
l'axe du conduit auditif, de sorte que sa surface est
notablement plus grande que la section droite du
conduit, au point de son insertion. La caisse du
tympan est percée de quatre ouvertures : deux sont
pratiquées dans la paroi qui fait face à la membrane,
et comme l'une est de forme circulaire, l'autre elliptique, on les distingue sous les noms de *fenêtre
ronde* et de *fenêtre ovale*. A la partie inférieure du
tympan débouche, par la troisième ouverture, un
canal I, qui fait communiquer l'oreille moyenne
avec l'air extérieur par l'intermédiaire des fosses nasales. Enfin, une quatrième
ouverture se trouve à la partie supérieure de la caisse. A
l'intérieur du tympan, on voit
une suite de petits os qu'on
nomme la *chaîne des osselets*
et dont la figure 68 représente les formes et les posi-

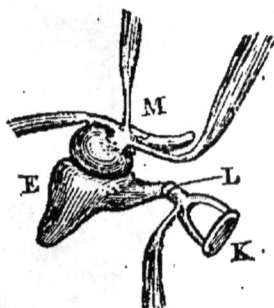

Fig. 68. — Détails de la
caisse du tympan.

tions relatives. L'un, le *marteau* M, s'appuie d'une
part sur la membrane du tympan, de l'autre sur
l'*enclume* E. Les deux autres sont l'os *lenticulaire*
L et l'*étrier* K, ainsi nommés l'un et l'autre à cause
de leur forme. La base de l'étrier est unie avec la
membrane qui sert de cloison à la fenêtre ovale.
Deux petits muscles servent à mouvoir le marteau
et l'étrier, et à les appuyer avec plus ou moins de
force contre les membranes voisines.

Derrière la caisse du tympan se trouve *l'oreille
interne*, qui paraît la partie la plus essentielle de
l'organe de l'ouïe. Aussi est-elle protégée par les
parties les plus dures de l'os temporal, celles que
les anatomistes nomment le *rocher*. Trois cavités
particulières composent l'oreille interne, ce sont :
le *vestibule* au milieu ; les *canaux semi-circulaires*
G à la partie supérieure, et le *limaçon* H à la partie
inférieure. Leur ensemble forme le *labyrinthe* dont

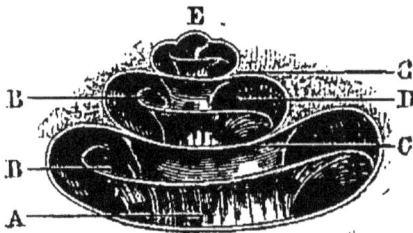

Fig. 69. — Coupe du limaçon.

l'intérieur est ta-
pissé , dans toute
son étendue, d'une
membrane que bai-
gne un liquide gé-
latineux. C'est dans
ce liquide que vien-
nent plonger les ra-
mifications du nerf auditif, qui pénètre dans le labyrinthe par un canal osseux nommé *conduit auditif
interne*.

Telle est la description des principales parties
qui constituent l'organe de l'ouïe chez l'homme :
dans la série animale, descendante, on voit par
degrés, disparaître l'oreille externe et l'oreille
moyenne, mais à mesure que l'organe se simplifie
les parties restantes sont plus développées. Il nous
reste maintenant à dire quel est le rôle joué par
chacune d'entre elles.

Évidemment le pavillon a pour objet de rassem-
bler et de réfléchir les ondes sonores à l'intérieur
du conduit auditif externe. Ce qui le prouve, c'est
que les animaux chez lesquels le pavillon est mobile, tournent cette ouverture du côté d'où viennent

les sons, dès que leur attention est provoquée. L'homme n'a pas cette faculté; pour obtenir le même résultat, il est obligé de tourner la tête de façon à placer l'orifice du pavillon dans la direction d'où les sons paraissent provenir, mais on a observé que les ouïes les plus fines appartiennent aux individus dont le pavillon est le plus écarté du crâne, et tout le monde sait que, pour mieux entendre, il suffit d'agrandir artificiellement la surface réfléchissante de l'oreille externe à l'aide du creux de la main. Le conduit auditif externe transmet, en les renforçant, les vibrations sonores à la membrane du tympan, puis par la chaîne des osselets à l'oreille interne [1]. La trompe d'Eustache, en amenant l'air extérieur dans la caisse du tympan, maintient du côté intérieur de la membrane la même pression qu'à l'extérieur, sur la face tournée vers le conduit auditif externe. Quant aux osselets, outre leur fonction de transmettre les vibrations à l'oreille interne plus facilement et plus énergiquement que ne le ferait un corps gazeux, ils servent aussi, selon Savart et Muller, à modérer l'effet des sons trop déchirants; surtout à tendre la membrane du tympan et celle de la fenêtre ovale, et à les rendre ainsi plus

1. Les parties solides de la tête, les dents transmettent directement à l'oreille interne les vibrations sonores. C'est ainsi que, si l'on suspend un timbre à un fil tenu entre les dents, et si l'on se bouche préalablement les oreilles, on entend un son grave transmis par le fil, les dents et les os du rocher jusqu'à l'oreille interne. Les sourds dont l'infirmité n'est due qu'à une conformation vicieuse des organes extérieurs, peuvent entendre de cette façon. On citait un Espagnol sourd qui entendait les sons d'une guitare en mettant entre ses dents le manche de l'instrument. (Ingrassias, d'après C. Broussais).

sensibles au mouvement vibratoire : c'est ainsi,
d'après Muller, qu'une tige solide placée entre deux
membranes, augmente l'intensité de la transmission
sonore. De là, la différence qui existe, au point de
vue de la sensation, entre les modes d'audition que
la langue caractérise par ces mots : *écouter*, *entendre*. La personne qui ne fait qu'entendre éprouve
une sensation moins forte, parce qu'elle ne' fait
point intervenir l'action de sa volonté. Au contraire,
dès qu'elle écoute, elle donne instinctivement l'ordre aux muscles du marteau et de l'étrier d'agir;
les membranes se tendent, le son paraît plus intense
et plus distinct. Cette opinion, émise par Bichat,
est adoptée par les physiologistes et les physiciens [1]. Il paraît que le degré de tension de la

---

1. Est-elle à l'abri de toutes les objections ? A-t-on prouvé
par des expériences, que la distinction, si bien établie en
fait, entre les deux états physiologiques successifs par lesquels passe une personne qui, ne faisant d'abord qu'entendre, vient ensuite à écouter, est uniquement causée par
le passage d'une tension moins forte à une tension plus
forte de sa membrane du tympan ? En tout cas, l'intervention de la volonté peut obtenir mieux que de faire passer
l'organe de l'ouïe d'un état presque passif à une activité
plus intense : elle détermine, en certains cas, un choix
parmi les sensations auditives. Tout le monde en effet à remarqué, qu'au milieu du bourdonnement confus de plusieurs
conversations qu'on entend parfois sans en écouter aucune,
l'oreille peut, sous l'action d'une attention voulue, suivre
l'une des conversations partielles qu'elle entend alors distinctement, tandis que les autres voix, sans cesser pour
cela de l'affecter, continuent bien d'être *entendues*, mais ne
sont plus *écoutées;* ce n'est pas évidemment sur la membrane du tympan, ou du moins sur elle seule que la volonté
a pu agir pour produire ce résultat, puisqu'alors la membrane mieux tendue, plus sensible, le serait aussi bien pour
telle voix que pour telle autre. Les fibres de Corti dont
nous parlons plus loin, ne sont-elles pas aptes à opérer un

membrane du tympan varie aussi avec le degré
d'acuité ou de gravité des sons à percevoir;
pour percevoir les sons aigus, la membrane est
plus fortement tendue que s'il s'agit des sons
graves.

Nous avons dit plus haut que l'oreille interne est
la partie essentielle de l'organe de l'ouïe; et, en
effet, il est prouvé par l'observation que la membrane du tympan et les osselets peuvent être perdus
sans que la surdité s'ensuive, pourvu toutefois que
les deux fenêtres du tympan ne soient pas déchi-
rées, car alors, les liquides qui baignent le nerf
auditif venant à s'écouler, les organes de l'oreille
interne se dessèchent, perdent leur sensibilité,
ainsi que les ramifications du nerf lui-même. En ce
cas, il y a surdité absolue. Le nerf auditif distribue
ses rameaux en deux branches, dont l'une, celle
qui pénètre dans le limaçon, se divise en une multitude de filets très-déliés qu'on nomme les *fibres
de Corti*, du nom du savant micrographe qui en a
fait la découverte. D'après Helmholtz, ces fibres,
dont la longueur varie et qui sont au nombre de
plus de 3,000, vibrent probablement chacune à l'u-
nisson d'un son particulier, de sorte qu'elles forment une série régulière analogue à la gamme musicale. En supposant que 200 d'entre elles soient
affectées aux sons situés en dehors des limites musicales, « il reste, dit-il, 2,800 fibres pour les sept
octaves des instruments de musique, c'est-à-dire
400 pour chaque octave, 33 pour chaque demi-ton,
en tous cas assez pour expliquer la distinction des

tel triage? Il nous paraît en tout cas qu'il y a lieu de chercher
encore l'explication vraie du phénomène.

fractions de demi-ton, dans·la limite où elle est possible. » Si l'on admet ce rôle des fibres de Corti, on comprend comment le mécanisme des vibrations sonores se transmet jusqu'à l'épanouissement ou à la naissance des nerfs. Simples ou composées, ces vibrations arrivent par le conduit auditif jusqu'à la membrane du tympan; elles se transmettent ensuite par la caisse du tympan, la chaîne des osselets et les membranes des deux fenêtres, ronde et ovale, jusqu'à l'oreille interne. Arrivées en ce point, de vibrations aériennes elles se changent en vibrations de corps liquides et de solides, jusqu'aux fibres de Corti. Là, enfin, le triage se fait et chaque vibration simple, de hauteur musicale donnée, trouve une fibre pour la recevoir. Ainsi s'expliquerait aussi la décomposition d'un son composé et de ses harmoniques, et la sensation simultanée du son fondamental et de l'harmonique prédominant, c'est-à-dire du timbre.

D'après les détails qui précèdent, on voit que la théorie de l'ouïe présente encore des obscurités : mais c'est plutôt aux physiologistes qu'aux physiciens qu'il appartient de les dissiper entièrement [1]. Ce qui est admirable dans cette organisation d'un

1. L'organe de l'ouïe est à peu près conformé de la même manière, chez tous les mammifères; certaines parties seulement sont tantôt plus, tantôt moins développées ; chez les oiseaux, c'est toujours sur le même plan qu'est construit l'appareil de l'audition, bien qu'il soit notablement plus simple : il n'y a pas de pavillon, pas de limaçon proprement dit. Il est encore plus simple chez les reptiles et les poissons. On ne connaît pas l'organe de l'ouïe chez les insectes bien que la fonction existe, puisqu'on sait que ces animaux savent produire des sons à l'aide desquels ils s'appellent à distance. Enfin les mollusques, sauf les céphalopodes supérieurs, n'ont pas de sens auditif.

des sens les plus utiles à la conservation de l'individu, à ses relations avec ses semblables et avec le
monde extérieur; et qui est la source des jouis-
sances les plus délicieuses et les plus profondes,
c'est sa merveilleuse faculté de percevoir une multitude pour ainsi dire indéfinie de sons. Du reste,
la coexistence des vibrations dans l'air et dans les
milieux propres à propager le son rend compte de,
cette propriété de l'oreille, qui ne fait que transmettre aux nerfs, et de là au cerveau, les mille
modifications des milieux élastiques où nous nous
trouvons plongés.

§ 2. — La voix humaine.

Terminons cette étude des phénomènes du son
par une description sommaire de l'organe de la
voix chez l'homme, de cet instrument de musique
naturel, à l'aide duquel nous communiquons nos
idées dans leurs nuances les plus délicates et les
plus intimes, instrument si flexible, et si complet,
que les instruments artificiels les plus perfectionnés
n'arrivent point à cette diversité de nuances, de
timbres, qui permet à la voix humaine d'exprimer
les sentiments et les passions les plus variés.

L'organe de la voix n'est autre chose qu'un instrument à vent, c'est-à-dire un appareil où les sons
sont produits par les vibrations plus ou moins rapides de l'air, à son passage par une ouverture de
forme particulière plus ou moins resserrée. L'air
arrive des poumons par un tube ou canal annulaire
N nommée *trachée-artère;* de là, il pénètre dans le
larynx M, où il entre en vibration et produit les

sons de la voix, puis dans le *pharynx*, entonnoir qui continue l'arrière-bouche. Le son arrive alors dans les cavités des fosses nasales et de la bouche,

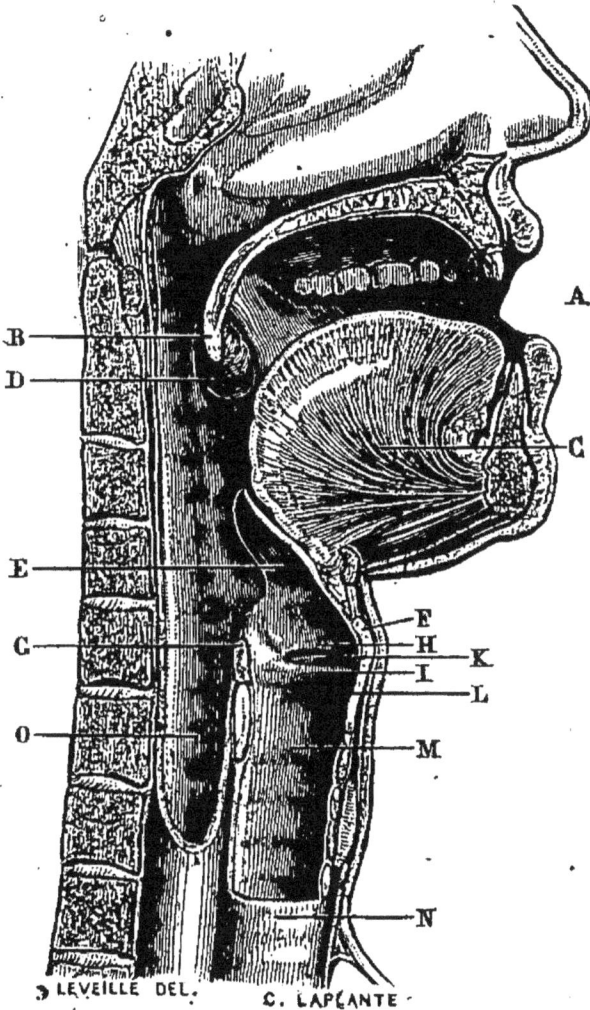

Fig. 70. — Organe de la voix chez l'homme; caisse intérieure du larynx.
E, Épiglotte. — H, Ligaments supérieurs. — I, Cordes vocales. —
K, Glotte. — N, Trachée artère.

qui jouent le rôle de caisses renforçantes et donnent au son un timbre spécial.

La figure 70 montre la conformation intérieure

du larynx. C'est, comme on voit, une sorte de boîte cartilagineuse terminée inférieurement par la trachée-artère N, et à la partie supérieure par l'os *hyoïde*, en forme de fer à cheval. Une sorte de soupape mobile, l'épiglotte E, peut en s'abaissant fermer le larynx à sa partie supérieure, empêchant ainsi les aliments d'y pénétrer, ce qui produirait l'extinction de la voix ou la suffocation. Au-dessous de l'épiglotte est la *glotte* K, ouverture comprise entre deux systèmes de replis laissant entre eux une cavité qu'on nomme le *ventricule de la glotte*. Ces replis sont, d'une part, à la partie inférieure de la glotte, les *cordes vocales* I, ainsi nommées parce qu'on croyait d'abord que c'étaient elles qui formaient les sons en vibrant sous l'influence de l'air, comme des cordes sonores frottées par un archet; puis, au-dessus, les *ligaments supérieurs* H.

Des expériences dues à des physiologistes ont prouvé que les cordes vocales vibrent comme les anches battantes des tuyaux sonores, et que les sons ainsi produits sont plus ou moins aigus, selon que la tension plus ou moins forte des cordes vocales modifie la forme et les dimensions de l'ouverture de la glotte. Quand le son arrive dans la bouche, sa hauteur est déterminée; il ne subit plus d'autres modifications que celles qui en constituent le timbre ou qui forment la voix articulée. Les mouvements du pharynx, de la langue et des lèvres servent à produire ces divers changements, dont nous n'avons point ici à nous occuper.

Disons seulement que les voix d'homme, différant des voix de femme et d'enfant par leur gravité, doivent leur caractère aux dimensions plus grandes

du larynx et de l'ouverture de la glotte. Le déve-
loppement rapide de cet organe chez les jeunes
gens, vers l'âge de la puberté, est la cause de la
transformation qu'on observe alors dans leur voix.

FIN.

TABLE DES FIGURES

FIN DE LA TABLE DES FIGURES

TABLE DES MATIÈRES

LIBRAIRIE HACHETTE ET Cie

BOULEVARD SAINT-GERMAIN, 79, PARIS

LES COMÈTES

Par Amédée GUILLEMIN

Un magnifique volume gr. in-8° jésus, illustré de
11 grandes planches tirées en couleur et de 78 vignettes
insérées dans le texte.

Prix 10 fr. — Relié 16 fr.

RÉSUMÉ DE LA TABLE DES MATIÈRES DE L'OUVRAGE

COULOMMIERS. — Imprimerie PAUL BRODARD.

www.ingramcontent.com/pod-product-compliance
Lightning Source LLC
Chambersburg PA
CBHW070259200326
41518CB00010B/1837